AF370793

LES VIEILLES

LANTERNES.

LES VIEILLES LANTERNES,

CONTE NOUVEAU;

Ou Allégorie faite pour ramener les uns & consoler les autres ;

ÉTRENNES POUR TOUT LE MONDE :

Avec une Clef pour rire & des Notes pour pleurer.

Et levis hæc infania quantas
Virtutes habeat, sic collige. HORAT.

A PNEUMATOPOLIS,

Chez LUCRAIN; & se trouve chez tous les Débitants des vérités à la mode.

---

5 8 7 1.

Avec Permission des Fous & des Sages.

LES VIEILLES
LANTERNES.

LA fageffe & le courage viennent à bout de
tout. Cette maxime fi vieille & fi triviale nous
donne lieu de foupçonner que depuis long-tems
on ne vient prefque à bout de rien fans foins &
fans peine ; & ce foupçon ne fe transforme-t-il
pas en certitude pour tous ceux qui réfléchiffent
avec quelque attention fur ce qui fe paffe tous les
jours fous nos yeux? Quelle eft en effet la vérité
fur laquelle l'expérience nous laiffe le moindre
doute? N'eft-ce pas que des intentions droites &
louables, un but honnête & vertueux, un droit
légitime & évident font très-fouvent inutiles &
ruineux? Suppofons même que vous y joigniez
un plan de conduite heureufement combiné, &
des moyens adaptés aux circonftances ! Vous
n'aurez encore rien, fi vous ne vous armez d'un

A iij

courage inébranlable : vous verrez les intérêts d'autrui rompre vos mesures les plus sages, les folles passions croiser tous vos pas, la fatalité enfin renverser mille fois l'édifice que vous aurez élevé à grands frais.

Oui, la fatalité ! Car je soutiens qu'elle se mêle de tout ! C'est elle qui déploie tous les obstacles dont nous venons de parler ; elle les fait sortir de dessous terre à l'instant où l'on croit jouir d'un plein succès : c'est elle qui fait l'à-propos, & qui le rend inutile ; qui prive le génie du fruit de son invention, qui terrasse le fort, & fait périr le sage au port. Elle regle, conduit, & file tous les événements de ce monde : sans elle enfin, l'histoire des hommes & des faits se réduiroit à peu de pages.

Mais est-il d'un bon citoyen de mettre sous les yeux du public le tableau désolant d'un mal inévitable, & de s'en tenir à contrister infructueusement ses semblables ? Non, sans doute ! Il faut avoir un objet plus utile & plus noble ! Il faut au moins se sauver par le bien qu'on veut faire, quand on n'a pas assez de talent pour se flatter de faire bien ! Prouvons donc à ceux que la fatalité poursuit avec le plus d'acharnement, prouvons-leur, que la fermeté, la constance, & la ſageſſe l'emportent enfin, ou du moins le plus ſouvent, ſur la fatalité même ! Donnons-en pour preuve un exemple frappant, le récit d'un événement ſingulier, & propre à faire ſur les eſprits une impreſſion ſalutaire, propre à ſoutenir le courage de ceux qui ſont en bute aux perſécutions, à cauſer une frayeur profitable aux perſécuteurs, à fournir aux obſervateurs neutres quelques bonnes réflexions, & à devenir un morceau précieux pour les amateurs d'anecdotes ! C'eſt à quoi nous eſpérons de parvenir par le Conte ſuivant. Le Lecteur jugera ſi nous avons trop préſumé de nous-mêmes, ou ſi nous avons ſçu tirer avantage d'un fonds auſſi riche. Notre but eſt manqué ſi nous ne parvenons pas à conduire, par un chemin facile & ſûr, juſqu'à la grote cachée de la vérité, ceux qui voudront bien nous ſuivre.

La grande & célébre ville de Téluce étoit, depuis un temps immémorial, éclairée par de vieilles Lanternes craſſeuſes & obſcures, qui coûtoient beaucoup & éclairoient fort peu. Auſſi ne parloiton dans le monde que des crimes & des déſordres que l'imperfection, ou plutôt la nullité de ces Lanternes favoriſoit toutes les nuits ; ce qui n'empêchoit pas les Téluciens de ſe glorifier d'être le peuple du monde le mieux éclairé au milieu

des ténébres, & de fe propofer, à ce fujet, comme
à tant d'autres, pour modele à toutes les nations.
Les pauvres Téluciens n'y voyoient goûte ; mais
ils croyoient y voir , & ils couroient le monde
en vantant par-tout leurs brillantes nuits & leurs
merveilleufes Lanternes. On en reftoit à ce point
de mifere & de vanité , lorfqu'un jour le génie
protecteur de cette ville, y amena un artifte étranger, un Ferblantier forti du fond de la grande
Hercinie, & poffeffeur d'une forte de Lanternes
fingulières, qu'il nommoit *Reverberes*, & qui devoient infiniment mieux éclairer que les vieilles
Lanternes. Ces Reverberes avoient de quoi éton-
ner tous les efprits : car ils produifoient leur effet
on ne fçait ni comment, ni pourquoi, ni par
où : c'étoit-là le fecret de l'Auteur, fecret qu'il
offroit de communiquer pourvu que l'on com-
mençât par vérifier le fait. « Je l'ai trouvé, difoit-
» il, ce fecret important ; je l'ai trouvé après trente
» ans d'études, de méditations, & d'effais ! Mais
» je n'en fuis poffeffeur que pour le faire fervir
» au bien de la fociété. Je ne l'enfouirai pas !
» Cependant il eft jufte que j'en retire l'avantage
» que je m'en fuis promis, la gloire de l'inven-
» tion ! (*a*) Pour celà, conftatez ma découverte

___

Voyez les notes à la fin de cet ouvrage.

» par l'expérience, & je vous en dévoile tout le
» fecret ! mais ne croyez pas pouvoir me deviner
» mes Reverberes vous éclaireront & ne vous mon-
» treront pas comment ils éclairent : la caufe de
» leur effet, que vous ne parviendrez pas à dé-
» couvrir, réfide dans un procédé, dans une dé-
» compofition de ferblanc, d'huile, & de mêches,
» dans une manière de faire, en un mot, que vos
» yeux ne verront jamais ! Mes Reverberes éclai-
» rent comme le Soleil & les aftres ont toujours
» éclairé ! Si vous voulez me dérober mon fecret,
» allez donc rallumer un aftre éteint, ou effayez
» d'en créer un nouveau dans les efpaces immenfes
» des cieux ! Cette tentative de votre part feroit
» folle, & néanmoins mes Reverberes éclaireront
» tant que le Soleil confervera fa lumière ! j'ai dit
» que vous ne me devinerez pas ; & ce mot de-
» mande un correctif. Car ce que j'ai fait, un autre
» peut le faire ; mais obfervez que le hafard qui
» m'a fervi & favorifé, ne fert pas deux hommes
» de même ; obfervez que chaque invention extraor-
» dinaire n'a qu'un inventeur : en un mot, fi l'on
» me devine, il y a tout à parier que ce fera
» imparfaitement & avec peine ; la fociété y per-
» dra ; & l'on aura, par-là même, à fe reprocher

» un grand crime envers elle, & une grande injuf-
» tice envers moi. » (*b*)

Menfer, (c'étoit le nom de cet artifte éner-
gique & fingulier,) s'étoit logé à Téluce chez un
de fes confreres, qui fe nommoit Lénos : c'étoit
ce qui pouvoit lui être arrivé de plus heureux :
Lénos étoit lui-même un artifte habile, éclairé, &
confidéré dans le public & parmi fes confreres :
c'étoit fur-tout un homme vanté par ceux qui le
connoiffoient le mieux, pour la droiture de fon
ame, l'élévation de fon caractere, la fermeté &
le défintéreffement : il n'avoit pas un ami qui ne
fût prêt à garantir l'honnêteté de fes fentimens ;
& c'eft beaucoup dire ; car il avoit grand nombre
d'amis ; & nous parlons d'un fiécle, où à ce fujet
on étoit fort retenu, où l'on garantiffoit très-
difficilement.

D'après ce portrait fidele, le lecteur prévoit
que fi Menfer parvient à convaincre le Ferblantier Télucien, celui-ci n'eft pas homme à biaifer
ou à mollir. Lénos confacra tout le tems néceffaire pour bien voir les Reverberes, & en obferver les effets : il ne voulut pas qu'il lui reftât le
moindre doute ; il répéta & multiplia à l'infini fes
épreuves ; il y mit toute l'attention convenable ;

en un mot, il prit les précautions que la prudence la plus lente & la méfiance, la plus timide pouvoient lui suggérer; mais, enfin, quand il fut absolument convaincu de la réalité de la découverte de Menſer, il ne balança pas à s'en déclarer le partiſan généreux & zélé; & il le fut ſans retour: pour le ramener en arrière, il auroit fallu lui prouver qu'il étoit dans l'erreur, ce qui étoit devenu impoſſible & contradictoire; ou bien il auroit fallu changer la trempe de ſon ame, ce qui étoit une autre chimere: les hommes de cette claſſe ſont rares: mais ils ſont précieux! Heureux celui qui en mérite l'amitié & l'eſtime!

Lénos bien convaincu, pouvoit donc être tourmenté, perſécuté, déchiré, écraſé, anéanti; mais il ne pouvoit reculer ou reſter à moitié chemin. Il aſſembla la grande confrairie des Ferblantiers, & en invita tous les membres à ſe convaincre par eux-mémes de la réalité & de l'utilité de cette découverte: il meubla lui-même ſa maiſon de Reverberes, & preſſa ſes amis d'en faire uſage: il s'adreſſa à l'un des Miniſtres les plus reſpectables & les plus reſpectés de l'Empire, à l'immortel Gévernis, homme digne à tous égards qu'on lui adreſſât l'hommage du zele, du génie, & de la vérité; homme, qui depuis long-tems gémiſſoit ſur tous les malheurs qu'enfantoit ou que favorifoit l'obfcurité, & défiroit de trouver le moyen d'affu-rer le bon ordre de nuit auffi bien que de jour.

Quand un homme puiffant eft dans des difpo-fitions auffi louables, & par malheur auffi rares, il ne peut manquer d'accorder une attention fé-rieufe aux nouvelles, vues qui femblent lui pro-mettre le bien que fon cœur défire; & c'eft ce que fit en cette occafion Gévernis; mais cepen-dant, vu le merveilleux & l'importance de la dé-couverte, il réfolut en homme fage de ne point admettre ou rejetter légèrement ce qu'on lui pré-fentoit à ce fujet; il voulut ne fe décider que d'après une expérience publique & conftatée; & pour celà, il permit feulement de fubftituer les nouveaux Reverberes aux vieilles Lanternes dans une des rues de Téluce.

Cet exemple de retenue eft bien beau dans un Miniftre, & les Etats gouvernés par des hommes auffi prudents ont bien des graces à rendre aux Dieux ! Ce n'eft pas que les grands de ce carac-tere parviennent toujours au bien qu'ils font fi dignes d'opérer. Les incidens les plus bifarres vien-nent fouvent les contrarier & les rejetter loin du but. Nous en voyons une preuve frappante à l'époque dont nous parlons. Gévernis ne pouvoit pas fçavoir que la rue prife au hafard pour les épreuves, étoit habitée par une famille dont les individus avoient de pere en fils la vue foible & délicate; & c'eft ici le premier cas, où l'on peut bien fenfiblement reconnoître la *fatalité*, qui fait concourir les vices des hommes pour arrêter ou du moins retarder les progrès de ce qui eft bien! Nos bourgeois Miopfes, accoûtumés à la lueur fombre des vieilles Lanternes, furent bleffés de la lumière trop vive des Reverberes ; & de-là, de cette foible caufe , tous les maux dont on va lire l'hiftoire.

Quoique nos bourgeois Miopfes fuffent parents, ils n'avoient pas le même état; l'un étoit Banquier; un fecond étoit Traiteur; un troifiéme habilloit le quartier; &c. & ce fut à la faveur de leurs profeffions diverfes, que leurs clameurs & leur mécontentement fe communiquerent infenfiblement au refte de la ville. En fervant leurs pratiques, ils eurent foin de faire naître l'occafion de décrier les Reverberes, Menfer, Lénos, & même Gévernis, qui fembloit accueillir les uns & les autres. (c) Le Banquier prenoit un plus gros agio & faifoit payer le fac quelques fols de plus, fi l'on n'étoit pas de fon avis : le Traiteur n'avoit pas la maladreffe de manquer ou de renverfer une sauce, que ce ne fût la faute de ces maudits Reverberes : le Tailleur enfin tailloit tout de travers & coufoit à grands points, parce qu'il n'avoit plus les vieilles Lanternes.

Les gens qui ont befoin d'argent, & qui font réduits à faire la cour aux Banquiers ; les étrangers forcés de prendre leurs foupers chez les Traiteurs ; les jeunes gens, qui veulent fur-tout être habillés à la mode ; les Auteurs, gens de prévoyance, qui font bien aifes de fe faire des amis & de fe ménager un peu de crédit ; tous devinrent les échos du Banquier, du Traiteur, & du Tailleur. Bientôt par ce moyen, la rumeur gagna tous les quartiers, où nos Miopfes avoient d'ailleurs des amis & des parents : bientôt les efprits s'échaufferent : bientôt enfin on cabala ! Les Ferblantiers de la grande & de la petite Confrairie, (car on fait qu'il y en a deux, & ce n'eft pas trop,) les Marchands d'huile, les Charpentiers, les Faifeurs de méches ; tout fut mis en mouvement, jufqu'à ceux qui allumoient les Lanternes. On fit entendre aux premiers qu'ils n'auroient pas la fourniture des Reverberes, parce que ces Reverberes feroient tout de verres & enchaffés par les Vitriers ; aux feconds, que le Miniftre alloit fubftituer l'efprit-de-vin à l'huile, parce qu'il avoit beaucoup d'esprit-de-vin ; aux troisiémes, qu'il n'y auroit plus , ni poteaux pour attacher les Lanternes, ni échelles pour les allumer; aux autres enfin , que Gévernis alloit accorder le monopole des méches & le droit d'allumer les Reverberes à une compagnie formée par ses favoris. Ces fortes d'impreffions n'ont pas befoin de beaucoup d'art pour ébranler les têtes de la pauvre efpèce humaine : la voix fecrete de l'intérêt fuffit pour les y porter ; & fi l'on fonge combien les Ferblantiers, les Marchands d'huile, &c. font attentifs à leurs intérêts, on fentira tout l'effet que ces infinuations dûrent produire. Il fut fi décidé, cet effet, il fut fi prompt & fi complet , que ces quatre ou cinq claffes d'hommes figurerent dès ce moment dans la cabale plus que la famille aux Miopfes; qu'ils y occuperent le premier rang, & éclipferent tous lés autres, comme on le verra par la fuite de ce récit. En effet , nous aurons la douleur de n'avoir prefque plus à citer le Banquier, le Traiteur, le Tailleur, qui dans cette hiftoire ont commencé par faire un rôle fi brillant ! Ils vont fe perdre dans la foule; ils y feront éclipfés, enfévelis & pour n'en plus fortir ! Après celà comptez fur les débuts, fur le mérite, & fur les fervices rendus au Public ! (*d*)

Les dames & les demoiselles de l'ordre qui n'est pas le moins nombreux, ne se souciant point que leurs portes soient si bien éclairées, n'aimant le grand jour qu'aux promenades, aux spectacles, ou dans des appartements bien clos, offensées de plus en secret d'une exception impertinente, par laquelle Menser excluoit de ceux qu'il assuroit vouloir éclairer, les personnes atteintes de certaine incommodité cachée; exception ou réserve qui pouvoit déceler aux yeux du Public les mysteres les plus fâcheux des familles; les dames, dis-je, & les demoiselles se hâterent de se déclarer pour les mécontents. On sçait d'ailleurs qu'il n'est point de maison où l'on n'ait son Ferblantier de confiance : on sçait que les Ferblantiers sont de tous les hommes ceux qui exercent le despotisme le plus absolu, & qui souffrent le moins qu'on leur résiste. Accoutumés à voir le métal plier sous leur marteau, accoutumés à le façonner à leur volonté, à lui donner les formes qu'il leur plaît, à en découper sans peine les feuilles en petits morceaux, & à les réunir ensuite par la soudure, ils ont toujours & par-tout été taxés d'être les tyrans les plus inflexibles. On a remarqué de plus, que les dames leur sont en général plus soumises & plus dévouées que les hommes qui ne sont pas femmes, soit

parce

parce qu'elles font d'une conftitution p'us docile, foit que le marteau, les cifeaux, & la foudure leur infpirent une frayeur p!us vive. C'eft donc par une fuite de ces caufes diverfes & plus ou moins puif-fantes, que l'on vit les dames répéter avec em-phafe, avec un ton décifif & empreffé, toutes les affertions & tous les quolibets de leurs Ferblan-tiers contre Menfer, Lénos, & les Reverberes. (e)

Il faut encore obferver, que parmi le bas peu-ple certaines claffes, où l'on aime les ténebres pour des raifons connues, (comme par exemple ceux qui menent les aveugles, &c.) parvinrent à opérer parmi les gens de leur aloi une fermen-tation prefque égale à celle qui s'étoit faite chez les Bourgeois.

Enfin, comme les grands Seigneurs ne font pas plus exempts que les autres des infirmités humaines, il arriva que parmi ceux de ce rang qui eurent occafion de paffer le foir par la rue aux épreuves, quelques-uns étoient Miopfes, & trou-verent en conféquence la lumière vive & fubite des Reverberes importune & fatiguante. L'on en diftingua principalement trois; l'un fort puiffant par fes anciens fervices & ceux de fes ancétres ; le fecond, très-important par fes proches, fes amis, fes liaifons, ce qu'on appelle *parti* & *cotte-*

rie ; & le troifiéme redoutable par fes bons mots : le premier étoit tranchant, le fecond intriguant, & le troifiéme tranfcendant. Tous les trois s'afficherent comme partifans des vieilles Lanternes. Celui-là décida à haute voix au petit lever, que les nouveautés étoient dangereufes dans les Etats, & que les Reverberes étoient une nouveauté : le Seigneur aux maneges fit adroitement répandre dans les cercles & jufques dans les fallons des Princes, que fi on n'arrêtoit pas la rumeur en fupprimant les Reverberes, feul moyen de calmer les efprits, on verroit bientôt le Royaume livré aux fureurs d'une guerre civile : enfin, le Seigneur à la mode courut toutes les tables diftinguées de la Ville & de la Cour, pour y répandre à pleines mains le fel de la plaifanterie, les épigrames, & les rébus, qui coulant d'une fource auffi brillante & auffi abondante ne pouvoient manquer d'inonder tous les environs : en effet, qui de nous ignore combien l'efprit d'un grand Seigneur l'emporte fur celui des hommes vulgaires ? Celui-là feul même eft digne d'être appellé *efprit* ; l'autre mérite à peine le nom de *fens commun* ! C'eft d'après cette vérité fi bien gravée chez tous les hommes, que notre tranfcendant voyoit toutes fes paroles égayer les convives, porter les brouhaha dans l'anti-chambre, voler dans la loge du Suiſſe, & courir enſuite dans tous les quartiers, exercer la langue des perroquets de tous les étages, depuis le rez-de-chauſſée juſqu'au galetas. En ré-pétant les belles choſes qui ſortoient d'une bou-che ſi noble, on croyoit participer au mérite, aux prérogatives de leur auteur! On croyoit en quelque ſorte s'élever à ſon niveau, parce que l'on devenoit ſon ſinge.

Une circonſtance qu'il ne faut pas omettre parce qu'elle peint l'homme à net, & qu'elle ajoûta beaucoup à la colere des Cabaleurs, c'eſt que ceux qui crioient à plus haute voix, que Menſer étoit un Charlatan, que ſes Reverberes étoient une chimere toute pure, & que l'eſſet en étoit impoſſible & abſurde; ceux, qui conſacroient par zèle pour la bonne cauſe, leurs journées en-tières à démontrer tous ces points, de caffé en caffé, par des raiſonnements bien ſubtiles, par des diſſertations bien ſçavantes, & par des phraſes bien alambiquées; oüi, ceux-là mêmes, les Ferblan-tiers, les Marchands d'huile ſur-tout, paſſoient les nuits entières à chercher dans le ſilence de leurs laboratoires, le ſecret de Menſer pour s'en appro-prier les avantages. Il s'en trouva qui conſumerent plus de ſix mois de leur repos à ces eſſais loua-

bles & myſterieux. Mais combien l'inutilité de
leurs travaux, combien leur temps, leur ferblanc,
& leur huile perdus ne durent-ils pas les aigrir?
Sans doute, de ſi habiles ouvriers devoient deviner ce ſecret s'il eût été réel; & puiſqu'ils ne
l'avoient pas deviné, ils étoient bien fondés à le
nier! N'eſt-il pas dans l'ordre des gens de mérite, que chacun d'eux ſente tout ce qu'il vaut &
s'aſſeoye à la place qui lui eſt due? Et ne ſçait-
on pas que les Ferblantiers de Téluce ſont les
premiers Ferblantiers du monde, & que nul homme ſur la terre ne connoît mieux l'art de préparer
les huiles, que les Marchands d'huile de Téluce?
On ſent toutes les conſéquences de ces vérités
fondamentales & premières! Auſſi étoit-ce une
choſe vraiement digne de pitié, que de voir de
ſi grands hommes, guidés par une émulation ſi
noble, ſe refuſer au ſommeil pour ſe gratter le
front, ſe frotter les yeux & les oreilles, imaginer,
eſſayer, battre le Ferblanc à chaud & à froid,
lui donner mille formes originales, mixtionner
l'huile & la mêche de toutes les manières poſſibles
pour ne parvenir à rien! Oh certainement, il
étoit clair comme le jour, que Menſer étoit un
impoſteur; & il eſt de l'équité de trouver bon,
que tant de tentatives malheureuſes, aient ajoûté,

chez des hommes d'un fi grand génie, l'aiguillon du dépit à celui de l'intérêt commun !

Tant de caufes réunies auroient produit des effets marqués chez les nations les plus flegmatiques : quels effets ne devoient-elles pas produire dans une ville telle que Téluce ; c'eft-à-dire , dans une ville, où parmi une population immenfe regnent une fociabilité admirable , une gaité précieufe , une infatigable activité ; où le befoin , toujours fenti, que les uns y ont des autres , & tous les intérêts poffibles cachés fous le voile agréable & flatteur des prévenances, des attentions, & des plaifirs , enchaînent ou dirigent toutes les paffions , occupent toutes les têtes , & font mouvoir tous les individus vers l'objet du jour !

On n'a jamais mieux obfervé cette affluence univerfelle vers un même objet , qu'à l'époque des Reverberes. Tous y penfoient, tous en parloient. Les perfonnes riches , émules empreffés des grands Seigneurs, furent attachées à la bonne caufe (à celle des vieilles Lanternes, il ne faut pas qu'on s'y trompe,) par la vanité , par l'envie de paroître faire un rôle en copiant ceux qui en faifoient un fi brillant : les abbés, efclaves femillants de toutes les élégantes , les petits maîtres, rivaux dédaigneux & légers des abbés, le furent par les dames de la

Ville & de la Cour : les Commis, les Secrétaires, les Pédants, le furent fans pouvoir dire par qui, quoiqu'ils aient bien fçu pourquoi ; & ce fut ce moment de tracas, de tumulte, & de délire univerfel, que la fatalité choifit pour jouer un de fes tours les plus cruels, & mettre le comble à l'infortune des Reverberes ; voici comment.

Menfer avoit toujours promis à Lénos qu'il lui communiqueroit fon fecret : Lénos auroit fans doute été bien flatté de le connoître ; mais la délicateffe de fes fentimens ne lui permettoit pas de témoigner à cet égard un empreffement trop vif ; elle lui permettoit encore moins de montrer un empreffement exclufif & borné à lui feul. Cependant fon cœur pouvoit-il chaffer de fon efprit les idées qui lui venoient tous les jours à la vue des opérations de Menfer ? Menfer lui promettoit tout, & ne lui donnoit rien ; mais Lénos qui prêtoit généreufement à Menfer fon laboratoire, fes outils, & les matières premières, apprenoit beaucoup malgré lui-même, & à force de voir : il faut en convenir de bonne foi : il en voyoit trop pour ne pas fe mettre fur la voie ; il avoit l'ame trop active pour ne pas y marcher, & l'efprit trop éclairé, trop jufte, pour s'y égarer. L'honnêteté la plus fcrupuleufe & la plus défintéreffée pouvoit seule l'arrêter-encore. Ces deux Artistes en étoient-là, lorsque le premier fit un voyage assez long hors de Téluce. Dans le cours de cette absence, quelques personnes demanderent des Reverberes à Lénos, qui ne crut pas pouvoir leur refuser son industrie, vu leurs instances & les puissans motifs sur lesquels elles se fondoient. Quel prétexte assez plausible peut nous autoriser à refuser le jour à ceux qui en ont besoin ? Le crime de Lénos ne fut pas d'avoir écouté son cœur ; ce fut d'avoir réussi : Menser indigné de ses succès, n'en fut pas plutôt instruit, qu'il cria hautement au vol & à l'imposture, prouvant la première de ces deux accusations, en ce que Lénos avoit réussi ; & la seconde, en ce que c'étoit un ignorant qui ne sçavoit rien, auquel il n'avoit rien appris. Lénos répondit modestement, mais avec autant de fermeté que d'honnêteté : il fit même ce qu'il put pour étouffer une dissension si nuisible à leur cause commune & au bien Public. Hélas ce fut en vain ! Menser, malgré son génie, & peut-être par son génie même qui devoit payer le tribut à la foiblesse humaine, fut infléxible & sourd à tout ce que l'amitié & la raison purent lui représenter. (f) Au reste, cet incident, tout affligeant qu'il fût pour Lénos, justifie pleinement ce qu'on a dit

plus haut de fon caractere & de fa façon de penfer;
puifque dans le temps que Menfer cria le plus
contre lui, il ne ceffa jamais de rendre à la découverte de cet Etranger, l'hommage qu'il croyoit
lui devoir ; & que jamais il ne répondit par aucun
reproche aux reproches injuftes d'un homme, qui
ne lui avoit jamais rien facrifié, & auquel il avoit
facrifié lui-même fi généreufement fon repos, &
tout ce qu'il pouvoit avoir de plus cher, fi on
en excepte la vérité & le bien public.

La brouillerie fubfifta donc ; & ce fut un nouveau fujet de triomphe pour les Miopfes, les
Ferblantiers, & toute leur féquelle. Ce fut une
nouvelle fource de rébus & d'injures. Le Seigneur tranfcendant fit à cette occafion les découvertes les plus heureufes : il démontra, comme
on ne démontre point, que deux hommes ne peuvent pas être bons Ferblantiers & fe brouiller ;
que tous les habitants de la grande Hercinie qui
font ingrats, font dès-lors Charlatans ; que Menfer,
en refufant la juftice due au caractere moral d'un
Télucien, manifeftoit fon ignorance en phyfique ;
que s'il avoit eu affez de génie pour une invention réelle, la paffion ne le conduiroit pas à des
torts manifeftes ; qu'en bravant mal-à-propos & fi
inconfidérément l'homme qui l'avoit le mieux &

le plus fervi, il déceloit la foiblefle de fon fyftême & toutes les imperfections de fes Reverberes; qu'il ne connoiffoit ni l'optique, ni la lumière, ni l'œil, ni l'huile, ni le coton, ni le ferblanc, parce qu'il paroiffoit bien qu'il n'avoit pas la fcience univerfelle; que fes Reverberes n'étoient rien, parce qu'il ne fçavoit pas lire dans les aftres, au centre de la terre, & dans le cœur de l'homme comme dans un livre.

Comme au milieu de ce volcan d'idées neuves, qui faifoient fermenter toutes les têtes, le Miniftre qui avoit permis de placer les Reverberes dans la rue aux épreuves, étoit toujours calme & tranquille, & qu'il ne paroiffoit prendre aucun parti, parce que la fageffe qui le dirigeoit, lui faifoit méprifer les clameurs & l'élevoit au-deffus des petites paffions, parce qu'en un mot c'étoit dans le filence qu'il attendoit & qu'il obfervoit l'effet des Reverberes; on crut qu'il y étoit au fond très-indifférent, & qu'il alloit abandonner Menfer & Lénos. En conféquence, les chefs des cabaleurs devenus plus hardis, gagnerent ou intimiderent ceux qui fabriquent, ceux qui collent & rognent le papier, ceux qui le colorent, & ceux qui le vendent; ceux qui ramaffent les plumes des oyes & des corbeaux; ceux, enfin, qui teignent

l'eau avec de la noix de galle, & ceux qui dé-
bitent du fable. Ce fut-là un coup de parti dont
l'importance avoit été bien calculée : par-là Menfer
& Lénos furent comme bannis de la fociété univerfelle ; on leur avoit coupé les ailes & la voix;
on avoit élevé un mur de féparation entr'eux &
les autres hommes ; dès - lors il leur fallut une
adreffe infinie ou la protection la plus puiffante
pour fe procurer les moyens de faire la réponfe
la plus courte, la plus modefte, & la plus effen-
tielle à leur honneur & à leurs intérêts ; encore,
lorfqu'ils penfoient n'avoir plus qu'à écrire, la
plume faifoit la fcie, l'encre étoit blanche, le
papier buvoit, tout s'effaçoit en tournant le feuil-
let. Cette fituation étoit cruelle ; mais on parvint
encore à en aggraver le poids, par des foufflets
magiques qu'on avoit pratiqués autour de leurs
maifons, & qui par un tourbillon violent & con-
tinuel qu'ils y produifoient, enlevoient les feuilles
des poches & des mains des gens, & les faifoient
voler dans les cheminées du voifinage ; & cependant leurs adverfaires avoient en abondance le
papier doré fur tranche, les plumes les plus fines,
le fable d'or le plus beau, l'encre la plus noire &
la plus luifante ; & ils enrichiffoient le public de
pamphlets, qui, fe fuccédant comme les flots d'un

torrent impétueux, dénaturoient tous les principes & tous les faits fous un fatras de fophifmes, de plaifanteries ufées, & de farcafmes injurieux. (*g*) On avoit en même temps grand foin de faire paffer toutes ces piéces précieufes dans les provinces & dans les pays étrangers, en exaltant jufqu'aux nues les noms illuftres des Auteurs, & le mérite intrinféque ou fuppofé de leurs productions. Par-là, les Libraires du bon parti faifoient fortune, & les Auteurs en obtenoient toujours quelques petites douceurs; on prévenoit le monde contre les Reverberes; on empêchoit les autres villes de les employer, ce qui, par un fuccès non douteux, auroit fini par fubjuguer Téluce même; enfin, on preffentoit que les propos & les écrits des provinces, foibles boutures de ceux de la Capitale, reflueroient à leur tour vers leur premiere origine, & y fortifieroient plus ou moins le bon parti.

Pour peu que l'on connoiffe la mifere de l'homme moral, & le caractere particulier des habitants de Téluce, on concevra facilement, combien devoit être petit le nombre des partifans des Reverberes, au milieu de cette confpiration générale ! Il faut une ame d'une trempe bien forte, bien ferme, bien noble, pour ne pas fe laiffer intimider ou entraîner par une faction pareille ! Si l'on ne veut pas nous en croire, qu'on juge de la justesse de cette réflexion par l'histoire des siécles passés ! Comptez, citez-nous, ceux qui dans le douziéme & le treiziéme siécle, ont osé blâmer les Croisades ! Citez-nous, ceux qui en Egypte osoient ne pas adorer les crocodiles & le bœuf Apis ! Allez chercher à la Chine, ceux qui ne regardent pas comme une difformité révoltante, un pied de grandeur naturelle, dans une femme ? L'unanimité est parmi les hommes une puissance irrésistible ; & en ce sens-là la voix du peuple est vraiment la voix d'un Dieu ! En ce sens, il est vrai que ceux mêmes qui ont le plus d'esprit, ne jugent presque jamais que sur parole, & répetent les sottises publiques avec une confiance toujours nouvelle, sans se douter jamais que ce soient des sottises ! Que d'efforts surnaturels ne faut-il pas alors pour penser d'après soi-même ! Il en faut dejà tant pour se douter que les idées qu'on a dans la tête ne sont que des idées d'autrui ! Si nou en appercevons quelqu'une qui sorte de notre propre fonds, nous la cachons comme une chose honteuse ou comme un crime public : c'est une révolte ou une folie ! Aussi ceux qui étoient les plus convaincus de l'utilité des Reverberes, n'osoient pas même élever

en leur faveur quelques doutes modeſtes : ils ſen-
toient qn'en ſe conduiſant avec moins de réſerve
& plus de franchiſe, ils ſe feroient expoſés au
mépris ou à la perſécution, ſelon l'importance de
leurs ſuffrages. Les étrangers & les curieux, ceux
qui aiment à voir par leurs yeux, étoient réduits
à ſe cacher avec ſoin, même à leurs amis, réduits
à ſe maſquer pour aller voir la rue aux épreuves :
encore riſquoient-ils beaucoup d'être découverts ;
car il y avoit dans toutes les avenues, des inſectes
volatiles, des mouches de toutes couleurs qui
venoient en bourdonnant rendre compte de ceux
qui s'y montroient ; ſi bien qu'à la fin on riſquoit
tout à y paſſer, même pour ſes affaires : il falloit
prendre de longs détours pour éviter ce quartier,
ou ſe juſtifier d'y avoir paru, comme d'un malheur involontaire ; & ce mot, *on l'a vu aux Re-*
vérbéres, étoit devenu un cri d'alarmes, un cri
de guerre contre le plus honnête homme du
monde. (*h*)

Dès le commencement de cette affaire importante, le corps des Ferblantiers de la grande confrairie avoit eu des aſſemblées fréquentes & régu-
lières ; & elles ſe ſoûtinrent avec le même zele
juſqu'au dénouement : là, on délibéroit, on diſ-
cutoit, on concluoit, on s'animoit les uns les

autres : les plus jeunes & les plus vieux illuſtroient ces aſſemblées par des diſcours pleins d'une éloquence antique & moderne, où l'on ne pouvoit ſe laſſer d'admirer la juſteſſe des vues, la ſolidité des raiſons, la ſageſſe des projets, & l'art des ménagements ! Nous avons ces diſcours entre les mains ; nous ne pouvons pas aſſez les lire ; & nous en ferons préſent au Public dans la ſeconde édition de cet ouvrage, ſi le lecteur a la complaiſance d'épuiſer la première : le Public & la poſtérité, y admireront comme nous, des beautés cachées dont on ne peut ſe faire une idée d'avance ; quel plaiſir n'aura-t-on pas de payer un juſte tribut de louanges aux Auteurs de ces piéces uniques que nous devouerons à l'immortalité, avec le portrait de chacun d'eux, & une ſentence analogue au bas ! On verra dans les harangues dont nous parlons, une chaîne ſurprenante, tiſſue avec un art inconnu, & dans laquelle tous les anneaux ſe prêteront une force réciproque ; une chaîne, qui, par un bout, touchera à l'étourderie de l'adoleſcence la plus pétulante, & par l'autre bout au radotage de la plus belle vieilleſſe, ayant dans le milieu ſes moyens foibles, ſelon les regles de la rhétorique la plus vantée ; c'eſt-à-dire, que dans ces conférences fameuſes, les Ferblantiers d'un âge mitoyen, ceux qui paſſoient pour les plus ſains d'eſprit & de corps, ſavoient parler peu en faiſant beaucoup parler les autres, ce qui n'empêchoit pas qu'ils ne donnaſſent par leurs ſuffrages un poids déciſif à la balance, quand le moment de vôter arrivoit.

Lénos, bien inſtruit de ce qui ſe paſſoit, pré-voyant le tort irréparable que ſes confreres fe-roient à leur corps & au Public, eut le courage, pour tâcher de prévenir le mal, d'aller de porte en porte les chercher tous l'un après l'autre, & dans des entretiens particuliers leur développer dans le jour le plus lumineux, tous les motifs qu'ils devoient avoir de changer de plan, & la néceſſité de le faire bientôt. « Soyez aſſurés, leur » diſoit-il, avec l'énergie de la conviction & du » zele, que les Reverberes éclairent réellement » & mieux que toutes les Lanternes connues ; » d'après ce principe, vous ne réuſſirez pas à » en empêcher l'uſage : Menſer les introduira ici » ou ailleurs ; & de toute façon vous vous per-» drez ! Permettez à mon ancienne amitié, de » vous parler avec franchiſe ; je me le dois à » moi-même ; je le dois à l'attachement & à l'eſti-» me que j'ai toujours eus pour vous ; je le dois, » enfin, à l'importance du moment ! Par quel

» aveuglement ne voyez-vous as que ſi j'ai
» tort, vous ne courez aucun riſque de faire les
» épreuves que je vous ai tant de fois propoſées?
» Comment, ne voyez-vous pas qu'en vous y
» refuſant, vous vous rendez coupables d'une im-
» prudence & d'une témérité inconcevable? Dans
» tous les cas, l'univers vous criera que votre
» première obligation étoit de m'entendre & de
» voir. Comparez toutes les Lanternes que vous
» êtes capables de faire, avec les Reverberes que
» je vous propoſe : prenez un quartier ; éclairez-
» le à votre manière ; ne vous repoſez point de cet
» Ouvrage ſur vos apprentifs : Raſſemblez les plus
» habiles d'entre vous, travaillez vos Lanternes
» vous-mêmes, frottez-les, nétoyez-les ; voyez
» faire les mêches ; voyez préparer l'huile ; allumez-
» les ; & comparez l'effet qu'elles produiront avec
» celui des Reverberes ! Soyez juges dans votre
» propre cauſe, tandis qu'il en eſt temps encore !
» N'oubliez pas que ſi vous différez, le Public
» s'établira juge à votre place, & c'eſt ce qui vous
» perdra ſans reſſource ! Ne m'objectez point les
» agents cachés, inviſibles, & merveilleux de Men-
» ſer : Eh de quel droit voulons-nous comprendre
» des agents nouveaux, nous qui ne comprenons
» rien à ceux que nous mettons en œuvre depuis

tant

» tant de fiécles ?.. Car enfin, nous fommes ici
» entre-nous, & tous Arufpices ; qui de nous a
» jamais compris la propriété que l'huile a de
» brûler? Qui de nous a compris la compofition,
» & la nature de la lumière ? De bonne foi, nous
» qui faifons voir depuis tant de fiécles, ne ferons-
» nous pas éternellement muets, lorfqu'on nous
» demandera, *qu'eft-ce que voir ? Comment voit-*
» *on ? Qu'eft-ce qu'une Lanterne ? Comment éclaire-*
» *t-elle ?* Oh mes amis ! Ce n'eft pas des caufes
» qu'il s'agit en ce monde ; le fecret en eft réfervé
» à des êtres plus parfaits : il s'agit des effets, &
» des moyens ; & ce font des effets que je vous
» follicite de conftater, pour vous offrir enfuite
» les moyens de les produire ! Pefez bien les con-
» féquences de votre refus : il compromettra votre
» honneur ; il indifpofera tous les efprits contre
» vous ; ce qué vous n'aurez pas fait à temps,
» d'autres le feront ; vos vieilles Lanternes tom-
» beront dans le mépris ; alors la mauvaife humeur
» vous dictera mille reproches aux uns contre les
» autres ; & vous tous, qui êtes aujourd'hui fi
» étroitement unis contre un feul, vous vous dé-
» chirerez mutuellement quand le mal fera fans
» remede ! On ne voudra plus de vos Lanternes ;

» d'autres auront le droit de faire des Reverberes ;
» vous perdrez tous vos privileges fans retour,
» tandis que vous pouvez à fi peu de frais vous
» confolider , vous emparer de la nouvelle inven-
» tion , & affurer pour jamais le droit exclufif à
» votre corps ! Penfez-y bien , ô mes amis , ô mes
» freres ! Le moment eft précieux ! Encore un
» jour , & il ne fera plus temps ».

Lénos eût beau fe livrer à toute la chaleur de fon ame ; fes raifons, fes inftances furent fans effet : la fatalité avoit aveuglé tout le corps des Ferblantiers ; elle l'avoit jeté dans un délire pitoyable qui l'éloignoit des bons confeils lorfqu'il pouvoit les fuivre avec profit, pour l'y ramener enfuite lorfque par la différence des circonftances, ces mêmes confeils étoient devenus dangereux : car ce qui eft prudence dans un temps, devient folie & fottife dans un autre, tout le monde le fait ; & on verra dans la fuite les mêmes Ferblantiers faire avec éclat & pour leur perte, ce qu'ils refufent aujourd'hui à leurs intérêts les plus preffants & les plus palpables. (*i*) En attendant, ils continuerent à s'affembler, à haranguer, & d'arrêté en arrêté, Lénos fut fucceffivement par eux, cité, averti, réprimandé, ménacé, & rayé ; c'eft-à-dire, qu'il lui fût défendu d'enseigner publiquement dans l'enceinte de la banlieue de Téluce, comment on faisoit des vieilles Lanternes.

Ce grand coup porté avec éclat (*k*) acheva de terrasser les amis de Lénos : les plus foibles d'entr'eux avoient déjà eu soin de se tenir à l'écart dès les premières assemblées, on les avoit vus s'éloigner l'un après l'autre, & disparoître successivement à mesure que l'orage approchoit : mais cette terrible explosion lui arracha avec violence le petit nombre de ceux qui lui restoient encore ; on les vit pâlir, chanceler, & tomber aux pieds de ses ennemis, d'où ils ne se releverent qu'en promettant avec serment, sur leur honneur & conscience, que jamais ils ne conviendroient que les Reverberes éclairassent ; que jamais ils n'en feroient pour personne & que si même il leur arrivoit d'en rencontrer sur leur chemin, ils ne manqueroient pas de fermer les yeux de toute leur force ; fût-ce au risque de se casser le cou. (*l*)

Les ames droites & honnêtes plaignirent le sort de ces pauvres terrassés, de ces hommes que l'on appella *les Pénitents*. Les hommes d'un caractere plus ferme les accusoient de lâcheté & les accabloient de reproches. Un *Pénitent* pressé par les arguments d'un de ces Aristarques durs, lui répondit un jour..... *que voulez-vous, j'ai des enfants !* & l'on blâma sa réponse. Pour nous, ce ne font pas les *Pénitents* de cette cathégorie que nous blâmons; nous les plaignons au contraire : mais les tyrans cruels, mais cet efprit de cabale qui réduit un homme honnête à cette extrêmité d'efclave, à cet aveu fi pénible! Oh nous les dé- teftons de tout notre cœur. Et quand nous con- fidérons pour quel intérêt mal-entendu de petite gloriole, ils fe portent à cet excès de tyrannie, la déteftation nous paroît un fentiment trop foi- ble ; il nous femble qu'il faudroit foulever con- tr'eux le ciel & les enfers ! Nous voudrions pou- voir réveiller au fond de leurs cœurs ces cris de confcience que rien ne pouvoit étouffer, & qui étoient fi redoutables du temps de nos ayeux ! Nous voudrions pouvoir toutes les nuits retracer en caracteres de fang dans leur ame, l'image hi- deufe de tous les maux qu'ils font fouffrir ! Ils furent d'autant plus affreux, ces maux, qu'alors on ne voyoit point encore de tolérance dans le monde : on commençoit bien, à la vérité, à prê- cher quelquefois cette tolérance bienfaifante : mais rien n'étoit fi ftérile que ces fermons, parce que ceux qui les faifoient étoient eux-mêmes les plus ardents perfécuteurs: on prêchoit la tolérance pour

se dispenser de la pratiquer ; on cherchoit à bien dire pour s'arroger ou conserver le droit de mal-faire. Ce genre de manege étoit l'ame de toutes les affaires dans Téluce ; & jamais il ne parut avec plus d'éclat que dans les débats des Reverberes & des vieilles Lanternes. Les Ferblantiers recouroient à tous les petits moyens, parce qu'ils avoient tort au fond & dans la forme. Leur arrivoit-il ou à leurs partisans, de laisser mal-adroitement échaper dans leurs écrits des passages qui fournissoient à Lénos des armes contr'eux ? Lénos profitoit-il de ces accidents pour les mettre en contradiction avec eux-mêmes ? Ils nioient hardiment avoir écrit ce qu'ils avoient écrit, & conseilloient à leurs adversaires d'apprendre à lire. Ce fut un de leurs champions, nommé *Thétrou*, qui leur apprit ce secret ; & il le tenoit lui-même d'un célebre Prédicateur de la tolérance, qui disoit souvent à ses amis, « si vous voulez persuader un mensonge
» aux Téluciens, donnez - le hardiment comme
» vérité : on vous réfutera ; ne répondez pas à la
» critique ; mais répétez le même mensonge avec
» plus de hardiesse encore : on vous critiquera
» de nouveau ; ne répondez pas ; & ensuite redites
» comme vous avez dit, & du ton le plus assuré.
» Ne vous lassez pas de suivre cette marche ; &

» malgré toutes les clameurs de vos adversaires,
» votre impudence fera paſſer le menſonge comme
» vérité. » *Thétrou* avoit encore un autre argument
qui parut ſans réplique à tous ſes confreres, & que
voici : « ce que nous écrivons n'eſt lû que de
» nous & des nôtres, c'eſt-à-dire, graces à Dieu !
» des trois quarts & demi des hommes qui ſa-
» vent lire ; ce que nos adverſaires écrivent, n'eſt
» lû par aucun des nôtres ; nos ſoufflets font trop
» ingénieuſement imaginés pour nous laiſſer lieu
» de craindre aucun accident à cet égard. Ainſi,
» que leurs réponſes ſoient auſſi ſolides qu'il leur
» plaira ; elles n'en iront pas moins à la cheminée,
» & nous n'en aurons rien à craindre ; & quant à
» nos amis, il nous croiront toujours aveuglément;
» nous avons ſubjugué leurs eſprits : raiſonnons,
» déraiſonnons, affirmons, nions ; qu'importe ?
» Nous avons attaché toutes les têtes au joug de
» l'obéiſſance aveugle : nous dirons toujours bien :
» nous aurons toujours pour nous droit & juſtice;
» & ſi quelques perſonnes moins dociles s'apper-
» çoivent de nos torts, la crainte leur fermera la
» bouche ; ce ſera une découverte nulle, parce
» qu'ils auront ſoin d'en enfouir le ſecret ſous
» terre ».

C'eſt par ce raiſonnement ingénieux que *Thé-*

trou perfuada aux Ferblantiers & à leurs Brifes-lances de ne confulter que l'effronterie & le be-foin du moment dans leurs écrits. On fut bien profiter de fa leçon ; car tous les ouvrages qu'ils livrerent au Public , ne préfenterent bientôt plus que des redites affommantes , des contradictions palpables , une déraifon complette , des démentis formels , & des injures perfonnelles & directes ; & quand on les réfutoit dans quelques feuilles affez heureufes pour échapper aux foufflets , & affez belles pour être recueillies ; quand la réfutation étoit affez folide , affez frappante pour ne donner lieu à aucune réplique admiffible , ils s'écrioient tous d'une voix, qu'il étoit affreux, dans le fiécle & le centre de la politeffe , de voir leurs enne-mis manquer à tôus les égards , à tous les mé-nagements que l'on fe doit dans le monde.

Ce que Lénos avoit prédit , fe vérifioit néan-moins de jour en jour : Menfer faifoit des Rever-beres & des Eleves : Lénos qui n'avoit pu le ramener, en faifoit auffi de fon côté & à fa ma-nière ; leurs Difciples alloient monter des atteliers dans toutes les Provinces ; peu à peu s'avançoit le jour, le grand jour où les Ferblantiers devoient perdre leur caufe & leur privilege , & voir tomber à la fois dans le mépris & l'abandon , leur corps

& les vieilles Lanternes. Ce jour s approchoit : ils le virent avec effroi ; ils redoublerent de zèle & d'activité ; mais le moyen de répondre à tout ! Les feuilles commençoient à voler dans Téluce, non comme autrefois du domicile de Menser & de Lénos feulement, mais de tous les coins du Royaume ; & quels foufflets auroient pu y suffire ? On en vit bientôt des nuages entiers qui de loin menaçoient de fondre à la fois fur la Capitale & de l'inonder. A ce fpectacle la peur faifit même les plus braves : ils crièrent au fecours ; ils demanderent que l'on pratiquât des avant-toîts fur les rues, & des digues hors des portes : ils réclamerent la puiffance publique ; & cependant ils fe partagerent en deux bandes, l'une qui alloit par-tout dire des injures à leurs ennemis, & l'autre qui fuivoit pour prêcher les égards & les ménagements.

Les chofes en étoient à ce point de fouffrance & de fuccès d'une part, & de l'autre à cet excès de tyrannie, de fanatifme, & de délire ; lorfque le Gouvernement réfolut d'éteindre ce grand incendie par quelques gouttes d'eau jettées fur le feu : mais par un troifiéme croc-en-jambe de la fatalité, au lieu d'eau, on y jeta de l'huile. Il faut développer ici cette opération du Gouvernement, fi

fage en elle-même, & fi malheureufe par les
fuites.

Le Magiftrat décida que quatorze Commiſ-
faires feroient établis pour juger des Reverberes
comparés aux vieilles Lanternes; & il ordonna
que ces Commiffaires fuffent choifis parmi les
hommes de Téluce qui paffoient pour voir le
mieux : & il arriva que d'après les informations
les plus exactes, les quatorze hommes connus
pour avoir la vue meilleure que les autres, étoient
tous Ferblantiers , Marchands d'huile , ou faifeurs
de Mêches. Après celà, Meffieurs les incrédules,
niez l'empire de la fatalité ! Ayez le courage de
foûtenir que ce n'eft pas elle qui brouille tout en
ce monde ! (*m*)

Cette nomination ranima l'efpoir chez tous les
partifans de la cabale : ils en triompherent, on le
fent bien ! Les Commiffaires triompherent auffi,
mais avec plus de réferve : ils modererent autant
qu'il leur fut poffible, la joie qu'ils avoient de
fe voir établis juges dans leur propre caufe : ils
chercherent à afficher la plus parfaite impartialité :
& pour celà, pour donner plus de poids à leur
jugement, ils arréterent d'abord qu'ils confére-
roient avec les Reverbériftes, pour apprendre d'eux
la compofition des Reverberes , & les entendre

fur les avantages qu'on pouvoit en attendre , ainſi que ſur la manière de régler de concert le plan des expériences qu'il conviendroit de ſuivre, pour s'aſſurer de la vérité.

Dès le lendemain ils s'adreſſerent à Lénos, qui leur dit qu'il n'étoit point l'Inventeur, que même il n'étoit pas Diſciple de l'Inventeur ; qu'ils devoient s'adreſſer à Menſer ; que pour lui, il ne pouvoit leur communiquer que ſes connoiſſances perſonnelles, ſes propres principes, & ſes procédés particuliers ; de ſorte que, ſa cauſe gagnée ou perdue ne pouvoit leur fournir aucune conſéquence légitime pour ou contre Menſer. Les Commiſſaires répondirent que Menſer refuſoit de les reconnoître, & de les admettre ; & ils lui produiſirent une lettre ſignée, par laquelle ſe prévalant de ſa qualité d'Etranger, Menſer refuſoit abſolument tout Commiſſaire qui ne ſeroit pas choiſi parmi ſes Diſciples ; &, en effet, il s'étoit déterminé à ce refus, parce qu'il avoit été bien inſtruit des vraies diſpoſitions & intentions des Commiſſaires, & du réſultat où aboutiroit leur commiſſion. Les Commiſſaires ajoûterent que ce ſeroit compromettre ſa dignité & celle du corps, que de traiter ainſi une affaire d'Etat avec un inconnu, Etranger à tous égards à l'Etat & aux Téluciens ;

raison plausible dont Lénos pouvoit bien se dé-
fier, mais à laquelle il ne lui convenoit pas de
répliquer. Le refus de Menser d'ailleurs lui suffi-
soit, & il promit ce qui pouvoit dépendre de ses
connoissances. (*n*)

Quant à la manière de procéder aux expériences convenables, Lénos soûtint qu'il falloit des
épreuves suivies, & que le clignotement des yeux,
ou autres faits instantanés, ou subits ne feroient
preuve de rien.

« Je demande, je requiers, leur dit-il, que l'on
» prenne des personnes au hasard, que l'on cons-
» tate bien qu'ils ne voyent rien, ou qu'ils ne
» voyent que très-peu & très-mal, au milieu de
» la ville; que nous les conduisions au commen-
» cement de la rue aux Epreuves; & que là,
» vous & moi, nous les considérions, non pas y
» regarder, non pas y faire quelques pas, mais
» la parcourir d'un bout à l'autre, avec la seule
» réserve de leur tendre des piéges, & de les
» interroger sur ce qu'ils verront, ou ne ver-
» ront pas. »

Sur cette réquisition, les Commissaires con-
vinrent qu'ils meneroient aux Reverberes des personnes convaincues de ne pouvoir lire, ni même
se guider aux vieilles Lanternes, & qu'ils obser-

veroient ce que les Reverberes les mettroient en
état de faire de plus ou de moins. Le Public
admira la fageffe & l'impartialité de ce plan, qui,
en effet, ne pouvoit que faire un honneur infini
aux Commiffaires s'ils l'euffent fuivi, & auquel
il étoit fi mal-adroit d'accéder s'ils devoient
enfuite s'en écarter... Vous dites très-bien, Mon-
fieur le Cenfeur; mais peut-on penfer à tout?
les quatorze pouvoient-ils prévoir, après tout
ce qui s'étoit paffé jufques-là, qu'ils trouveroient
tant d'importuns difpofés aux épreuves, tant d'importuns qui auroient la malhonnêteté de voir mal
aux Lanternes, ou même de n'y rien voir, &
enfuite de lire tout couramment aux Reverberes,
d'y marcher d'un pas ferme & sûr, & d'y apper-
cevoir, même à une certaine diftance, les piéges
que l'on auroit tendus devant leurs pas? Ils n'a-
voient pas dû le prévoir ! Ils avoient encore moins
dû donner lieu de foupçonner qu'ils le craignif-
fent; en tous cas, fi l'on veut qu'ils aient manqué de prudence dans le début, on avouera du
moins qu'ils ont enfuite réparé cette faute avec
une adreffe, qui fera toujours un honneur infini
à leur génie, & que l'on peut bien s'écrier ici:
Felix Culpa !

Dès que les Commiffaires s'apperçurent que

leur premier plan alloit décider & hâter la chûte des Lanternes; ils déclarerent que des expériences faites de la forte n'étoient point nécessaires; qu'elles prendroient trop de temps; & qu'elles ne pouvoient être suivies sans inconvénients; que des expériences faites en Public mettoient trop d'objets à la fois fous les yeux, pour en bien suivre aucun; ce qui faifoit qu'en voyant beaucoup on ne voyoit rien, qu'en voyant bien on ne voyoit pas; que l'on rifquoit trop d'importuner les perfonnes de confidération qui fe trouveroient dans cette rue, par les queftions indifcretes qu'on auroit à leur faire; qu'il fuffiroit que quelqu'un d'eux paffât de temps à autre par ce quartier pour y faire des obfervations; que du refte, ils feroient des expériences à part, dans lefquelles ils examineroient principalement les effets fubits & inftantanés. Lénos protefta de toute fa force contre ce plan nouveau; il remit au Magiftrat un mémoire, par lequel il demandoit l'adjonction de trois hommes d'Etat comme Commiffaires; mais en prenant ces précautions, qu'il appuya de toutes les bonnes raifons que la chofe même lui fournissoit, il crut, par déférence pour l'autorité publique, dont les premiers Commiffaires étoient revêtus, & par refpect pour les formes établies, ne pas devoir fe refufer à tout; il s'y détermina fur-tout par égard pour l'un des Commiffaires principaux, à qui fes infirmités & fon grand âge ne permettoient pas de fe rendre à la rue aux Epreuves. (o) Il fit donc quelques épreuves particulières avec eux; mais elles furent en petit nombre; car fa préfence les gênoit, & la conviction de l'inutilité de ces épreuves l'éloignoit d'eux. Ce fut alors qu'ils firent des Reverberes comme ils voulurent, qu'ils y mirent l'huile de la qualité, & dans la dofe qui leur convint, qu'ils préparerent les mêches à leur gré, qu'ils foumirent à leurs épreuves les perfonnes qu'il leur plût, & qu'ils prirent pour témoins, ou pour coopérateurs les amis en qui ils avoient le plus de confiance. Dès ce moment, la commiffion marcha à grands pas vers le dénouement, & les Commiffaires fe hâterent de compofer & de publier leur jugement, pour fatisfaire l'empreffement du Public.

Ce jugement eft une piéce admirable, qui fera certainement époque dans l'hiftoire de l'efprit humain, dans l'hiftoire des fciences & des talents, & qui immortalifera à coup-fûr le génie de celui qui l'a rédigé & de ceux qui l'ont figné; par-tout l'art y releve par fa perfection les chofes les plus précieufes. (*p*) Outre le développement des délibérations que nous avons déjà rapportées, & beaucoup d'autres chofes très - belles que nous omettons, parce qu'on ne peut pas tout dire, on y trouve les faits fuivants.

« Les Commiffaires en fe déterminant à ouvrir
» eux-mêmes les yeux en face des Reverberes pour
» en mieux apprécier & calculer l'effet, fe font
» impofé la loi de faire peu d'attention à l'action
» que le nerf optique pourroit éprouver, ainfi
» qu'à l'impreffion qui fe feroit fentir à la prunelle
» & aux paupières.

» Quelques Commiffaires ont avoué en public
» & en particulier, qu'ils avoient vu quelque
» chofe aux Reverberes; entr'autres, l'un, qu'il
» avoit vu le mouvement de fa poitrine fous
» l'acte de fa refpiration; l'autre, un morceau de
» glace qui lui tomboit le long du bras; le troi-
» fiéme, un fer chaud, qu'on lui faifoit paffer
» fous le nez : mais en dernière analyfe, ils ont
» déclaré & figné comme les autres, que ce qu'ils
» avoient vu n'étoit rien.

» On a mis un Reverbere au haut d'un arbre;
» puis on a bandé les yeux à un petit garçon,
» avec tant de foin, que même on y a employé
» des compreffes de coton artiftement préparées

» chez un Marchand d'huile ; & le petit garçon
» a paſſé devant l'arbre ſans voir le Reverbere.

» On a conduit, ſous un prétexte plauſible,
» une pauvre fille dans une maiſon riche où
» on lui a préſenté par derrière, un Reverbere à
» travers une porte bien fermée ; & l'on ſoûtient
» qu'elle n'a rien vu.

» De ces faits, & de quelques autres auſſi pé-
» remptoires, on conclut que ſans Reverberes on
» voyoit tout auſſi bien, & qu'avec les Rever-
» beres on ne voyoit pas mieux ; que l'effet en
» étoit nul, & qu'ils aveugloient ; que ce n'étoit rien,
» & que l'uſage en étoit pernicieux ; qu'il falloit
» les prohiber ».

Comme cependant le Public avoit connoiſſance
d'un grand nombre de faits bien atteſtés, & qui
démentoient ces concluſions tranchantes ; les Commiſſaires crurent qu'il étoit de leur devoir d'en
offrir au peuple ignorant & ſavant, une explication ſatisfaiſante. Ils annoncerent donc que
tous ces faits étoient une illuſion, un pur effet de
l'*attouchement*, de *l'imagination*, & de *l'imitation.*

« Qui ne ſait pas, diſoient-ils, que quand on ſe
» frotte vivement & ſubitement les yeux, on voit
» les anges & ſon grand pere ? la Phyſique & l'Ana-
» tomie n'ont-elles pas trouvé entre les nerfs une
» communication ,

» communication, en conféquence de laquelle
» on aiguife la vue chez ceux qu'on mene par la
» main? Et fans celà, à quoi ferviroit le bâton
» dans la main dés aveugles? Ainfi, *l'attouche-*
» *ment, la preffion*, premier principe infaillible &
» fécond qui nous donne la folution, & l'expli-
» cation des faits les plus merveilleux! Et qu'on
» ne dife pas, que parmi ceux qui prétendent
» avoir vu aux Reverberes, plufieurs n'ont été
» touchés de perfonne; car aujourd'hui, on ne
» touche plus comme autrefois: le contaɕt immé-
» diat n'eft plus néceffaire; on touche par fon
» Atmofphere; on touche fans toucher.

» L'imagination eft un autre principe, dont les
» conféquences s'étendent encore bien plus loin:
» on imagine ce qui eft, & ce qui n'eft pas; on
» imagine avec raifon, & fans raifon; on imagine
» à propos, & hors de propos; on imagine enfin,
» & l'on prend le fantôme de fon imagination
» pour la réalité même. Vous dites avoir vu les
» Reverberes? Pure imagination! Vous foûtenez
» que vous avez lu une page entière d'une écri-
» ture inconnue? Imagination, vous dis-je! Cent
» fois vous vous êtes bleffés en vous fiant aux
» vieilles Lanternes, & toujours vous avez évité
» les mauvais pas à la faveur des Reverberes;

D

» Double effet de votre imagination! Eh, ne
» fçavez-vous pas, que ceux qui ont l'imagina-
» tion vive, croyent avoir vu un prodige, lorf-
» qu'ils ont feulement affirmé deux ou trois fois
» qu'ils avoient vu un prodige? L'imagination ne
» domine-t-elle pas dans tous les animaux, de-
» puis le ciron jufqu'à l'éléphant, depuis la taupe
» jufqu'à l'homme? Qui fçait même, fi ce n'eft
» pas elle qui fait pleurer le faule, & qui fait fuer
» le marbre! (q) Enfin, le principe de l'imita-
» tion peut-il être contefté lorfqu'on étudie l'hif-
» toire des finges, & qu'on fait l'Anatomie com-
» parée? Lorfqu'on penfe que, même fans le
» vouloir, fans le fçavoir, l'homme n'eft rien que
» par imitation? Quel feroit l'empire des mœurs,
» l'avantage des bons exemples, le fruit de l'édu-
» cation, domeftique ou publique, & tout l'homme
» moral, fans l'imitation? Que feroit-ce même
» que notre efprit, que tout notre génie? Il eft
» bien clair que le mérite, les talens, & les vertus,
» la nature, & la vie entiere de l'homme ne font,
» à les bien prendre, que de vraies fingeries! »

Les conclufions des Commiffaires furent:

1°. Que l'on ne peut jamais décider fi celui
qui voit dans les ténebres, voit réellement ou
croit voir.

2°. Que celui qui voit réellement, ne fçait pas s'il voit par l'action du Soleil, de la Lune, des Étoiles, ou des Lanternes, par la puissance de l'Art, ou de la Nature. (r)

3°. Que les Lanternes font tout, & que les Reverberes ne font rien.

4°. Que l'usage de ces Reverberes est pernicieux, & qu'il faut les prohiber.

En faisant répandre ce jugement dans le Public, on eut soin de faire dire, & répéter par des émissaires de confiance, que c'étoit un ouvrage admirable, très-profond, très-sage, très-modéré, très-impartial, très-beau, en un mot *un jugement irréfragable* ; & qu'il étoit fondé sur les notions les plus justes & les plus évidentes, sur la *physique la plus solide & la plus saine.*

. A l'appui des principes établis dans ce jugement, on citoit, comme preuves surérogatoires, mais frappantes, les miracles de St. Pifar, les convulsions de St. Madré, les Vampires, les Revenants, & tous les contes des Sorciers dont on berça notre enfance, de ces Sorciers, qui pendant tant de siécles, ont été au sabbat sur un manche à balai, pour y jouir du plaisir de baiser le derrière du Bouc. . Que ne citoit-on pas? Et par-tout on rétablissoit dans leurs droits imprescriptibles l'attouchement, l'imagination, l'imitation, le jugement irréfragable, & la saine physique.

Sur un fonds aussi riche, la moisson des plaisants dut être abondante ! Aussi, ne vit-on tarir les bons mots de long-tems, (ƒ) & tant par le sérieux que par le comique, on jugea en dernier ressort que l'étranger Menser étoit un ignorant, un Charlatan, un Avanturier qui avoit été chassé de son pays, & dont le secret n'étoit autre chose que le démon de Socrate, les Hiérogliphes des anciens Mages, & les rêves des vieux fous connus dans l'ancien monde sous le nom de Sages. On fit une belle piéce bien injurieuse, que l'on joua sur le Théâtre le plus couru de la Ville, & qui avoit été revue & augmentée par les Ferblantiers les plus zélés : on prétend même qu'ils eurent la complaisance d'exercer les Acteurs & les Actrices pendant huit jours, pour mieux en assurer le succès. Cette piéce si parfaite, sous le titre des *Voyans Modernes*, tournoit en ridicule, & livroit au mépris & à la risée publique, mais avec une honnêteté & un esprit infini, l'Inventeur, son Emule, & tous ceux qui croyoient avoir vu aux Reverberes. On eût dit que l'on avoit à faire au Lion mourant, auquel, vû les insultes faites impunément par les personnages graves, l'Ane venoit auſſi donner ſon coup de pied. Que dis-je? l'Ane doubla, redoubla ſes ruades avec une fierté mâle & courageuſe ! les Auteurs de cette farce, ſi pleine de ſel attique, qui emporta tous les ſuffrages, même des Baladins, remplirent enſuite les feuilles périodiques de lettres, commentaires, juſtifications, qui n'étoient que de fines injures ajoutées adroitement à des injures. (t)

La paſſion eſt aveugle ; elle ſe décele par ſon excès même ; en voulant profiter de ſon crédit, elle le perd. L'acharnement des ennemis de Meh⸗ ſer & de Lénos découvrit aux yeux des gens ſenſés, le reſſort ſecret qui faiſoit jouer toute la cabale, & ramena, plus encore que la raiſon, ſur le compte des Reverberes ; ou plutôt, la raiſon ne reprit ſes droits, qu'en commençant par faire bien connoître de quelle étoffe on s'étoit ſervi pour la voiler & l'obſcurcir. L'agitation trop violente dure peu ; elle conduit au calme ; en un mot, c'eſt toujours la paſſion qui perd la paſſion.

Le jugement irréfragable fut bientôt attaqué par des Obſervations, par des Doutes, & par le Rapport des témoins. C'étoit-là le commencement de l'orage que l'on avoit vu ſe former de loin. Il fallut multiplier les ſoufflets, crier de nouveau à l'aide, & prêcher les égards, les ménagements !

Un homme peu complaifant entreprit d'ôter ces
dernières reffources, ces dernières armes aux cabaleurs; il alla les attendre au milieu de la place
publique, & là, devant tout le peuple, il leur
dit : « que voulez-vous dire par vos égards & vos
» ménagements? Eft-ce parce que vous n'en avez
» point, que vous en demandez ? La loi ne fera-
» t-elle que pour vous, ou que contre vos adver-
» faires? Lorfque vous jetterez de la boue à vos
» ennemis, leur fera-t-il défendu de dire que vous
» avez les mains fales? Vous agirez & parlerez
» contre votre confcience & vos lumières, vous
» mentirez à ceux qui vous commettent, & vous
» tromperez ceux pour qui vous êtes commis ;
» vous afficherez la partialité & la prévention ;
» votre procédé fera inconféquent ; vos raifonne-
» ments ne feront que des fophifmes ; & vous
» exigerez des ménagements ; vous demanderez des
» égards? En avez-vous, pour trois cents Ferblan-
» tiers, tant du Royaume que des pays étrangers,
» qui, contre leurs intérêts, les préjugés, & la
» perfécution, foûtiennent qu'ils font convaincus
» de la réalité, & des avantages des Reverberes,
» & que vous taxez d'ignorants & d'imbéciles? En
» avez-vous pour cette foule prodigieufe de per-
» fonnes de tous rangs, de perfonnes de *confidé-*

» *ration* qui foutiennent avoir vu aux Reverberes,
» auxquelles vous craignez de manquer par des
» queftions importunes dont elles déclarent n'être
» pas importunées, & que vous renvoyez aux Pe-
» tites-Maifons? En avez-vous pour tant de cu-
» rieux, hommes inftruits! qui ont fait à ce fujet
» autant & plus d'expériences que vous, dont le
» jugement détruit le vôtre, & dont vous comptez
» le fuffrage parmi ceux des vifionnaires? Je con-
» çois l'orgueil d'homme à homme, tout ridicule
» qu'il eft, je le conçois, tout déplacé qu'il eft,
» dans un grand qui ne voit que des petits autour
» de fa perfonne! Mais que quatorze particuliers,
» qui n'ont d'autre titre que d'avoir appris à lire,
» à écrire, & à chiffrer, comme tant d'autres ci-
» toyens, qui favent avoir mille égaux dans le
» Royaume, & dix mille dans les pays voifins,
» aient l'orgueil de croire qu'ils feront illufion,
» qu'ils en impoferont, qu'ils donneront la loi à
» leurs Contemporains, & à leurs defcendants pour
» une chofe qui intéreffe le monde entier, & qui
» eft à la portée de tous ceux qui ont des yeux;
» voilà un orgueil que je ne concevrai jamais !
» Quel attouchement, quelle imagination, quelle
» imitation peut le produire? *L'attouchement* inté-
» rieur produit par la vanité & l'intérêt, *l'ima-*

D iv

» *gination* enflammée, exaltée par le fanatifme,
» l'*imitation* qui forme les cabales, & qui les fou-
» tient ; ces trois principes réunis peuvent-ils por-
» ter jufqu'à cet excès ? Je vois que vous vous
» êtes rappellé la chanfon des femmes Juives après
» la défaite des Philiftins. . . . . . *Saül en a tué*
» *mille & David dix mille !* Mais fommes-nous
» tous affez nigauds, affez foibles pour être des
» Philiftins ? Etes-vous affez forts, affez adroits
» pour être des David ? Vous voulez que le Public
» vienne à votre aide ? Mais où avez-vous vu qu'un
» bon gouvernement ait deux poids, & deux me-
» fures ? Rameau d'or pour vous, verge de fer pour
» les autres ! Non, vous ne l'obtiendrez pas ! Les
» Sages qui font à la tête du peuple, veulent le
» bien, la vérité, & la juftice ! Ils attendent que
» du choc des nuages forte enfin l'éclair lumineux
» qui doit les diriger : iront-ils prévenir ce mo-
» ment pour marcher dans les ténebres ? Voudront-
» ils, que la lumière brille utilement pour les
» autres nations, & trop tard pour celle dont le
» fort eft entre leurs mains ? Vous voulez que ces
» Sages défendent les Reverberes ? Le peuvent-ils
» aujourd'hui ? Et ne verront-ils pas, que s'ils le
» vouloient, il feroit trop tard ? Indiquez donc
» comment on peut défendre une chofe que l'on

» fait seul, & qui est connu de mille personnes?
» Indiquez comment on empêchera trois cents Fer-
» blantiers qui ont le secret, de le donner à leurs
» apprentifs? Comment on les empêchera de don-
» ner des Reverberes pour des Lanternes? Dites
» comment le Magistrat de Téluce fera respecter
» sa défense hors de la Banlieue, & même hors
» du Royaume! Ne concevez-vous pas, qu'en se
» livrant à vos vœux, il feroit la chose la moins
» digne de lui, la chose la plus inutile, & la plus
» inconséquente? »

Notre harangueur n'étoit pas près de finir : mais toute la bande des Ferblantiers s'étoit enfuie, & avoit couru à son lycée pour y délibérer.

Son attaque vive & hardie produisit néanmoins un grand bien; elle fit impression sur beaucoup de personnes; les pierres qu'il avoit jettées au mi-lieu de la place, rejaillirent dans plusieurs maisons, & acheverent d'en réveiller les habitants.

Le peuple de Téluce est un peuple singulier, vraiment digne par plusieurs côtés d'attirer l'at-tention du Philosophe, & par bonheur pour lui, le digne Ministre qui désiroit de l'éclairer le con-noissoit bien! Gévernis laissa tout l'esprit de cette Ville s'évaporer en bons mots & en saillies, sa-chant bien qu'il trouveroit ensuite au fond du ereuſet un ſédiment précieux, qui ſeroit le bon ſens le plus juſte & le plus droit : il attendoit donc que le Public lui‑même fût rebuté d'entendre toujours répéter les mêmes choſes, & redire les mêmes ſottiſes. Il laiſſa crier & rire, affirmer & nier ; & cependant les Reverberes reſterent en place dans la rue aux Epreuves, malgré toute la chaleur avec laquelle les Ferblantiers vouloient perſuader que celà étoit indécent : il ſavoit que la publicité eſt la ſauve-garde de l'honnêteté ; & qu'il n'y a que ce qui ſe fait en ſecret, qui échappe aux yeux, & à l'autorité du Gouvernement. Ce flégme réfléchi & raiſonné de Gévernis eſt un moyen ſûr pour faire triompher la vérité, & parvenir au plus grand bien, ſur-tout chez un peuple vif, léger, & ſpirituel : on le vit bien en cette rencontre. Peu à peu on laiſſa dire les Ferblantiers, ſans leur répondre ; peu à peu ils furent eux-mêmes honteux de leurs redites & de leurs quolibets ; que dis - je ? Ils ne manquerent pas de devenir à leur tour l'objet des plaiſanteries publiques : on alla même juſqu'à placer ſur la porte extérieure du lieu de leur aſſemblée, un beau décret pour immortaliſer les héros du parti des vieilles Lanternes, & leur décerner la couronne civique : on y voyoit leurs noms en lettres d'or, avec un précis de leurs hauts faits : on finiffoit par leur affigner à chacun des armoiries allégoriques, & une belle légende bien adaptée en forme de volute, au-deffus de chaque embléme ; peu à peu, d'autres objets attirerent l'attention & fournirent matière aux bons mots ; peu à peu, le nombre des Reverberes fe multiplia dans les Provinces ; on en reconnut l'utilité ; les clameurs furent oubliées ou méprifées, les calembours firent pitié, les cabaleurs fe cacherent, les intérêts fecrets furent dévoilés, les intrigues démafquées, les faux raifonnements démentis, le jugement irréfragable biffé, fes auteurs honnis, & enfin, la prétendue faine phyfique ne fut plus qu'un délire dont on fe moqua : peu à peu les perfonnes impartiales, les feuls juges admiffibles dans ces fortes d'affaires, ne craignirent plus de voir & de parler ; les foufflets devenus infuffifants difparurent ; les mouches apoftées au coin des rues allerent fe cacher ; le commerce du papier redevint libre, & la vérité reprit tous fes droits : on ofa dire & convenir hautement qu'on voyoit très-bien à la lumière des Reverberes, & que cet avantage étoit quelque chofe de réel ; & de cette forte, ils furent publiquement autorifés & établis ; de cette forte, malgré les Ferblantiers & leur cabale defpotique, malgré les Miopſes & leur fureur, malgré les petits abbés, les élégants, les importants, les farceurs & les perroquets ; Gévernis, le ſage Gévernis éclaira Téluce.

Si vous avez la vérité pour vous, ne craignez rien, tenez ferme ; le temps fait tout pour elle.

Ploravere ſuis non reſpondère favorem
Speratum meritis.   HORAT.

CLEF POUR RIRE.

Et vigiles lucernas
Profer in lucem : procul omnis esto
Clamor & ira. HORAT.

L'ÉDITEUR A CEUX QUI LISENT.

CE Conte nouveau, Messieurs, n'est
pas de moi : il m'a été adressé hier au
soir par un inconnu, avec prière d'en soi-
gner l'impression. Comme nous sommes
en hyver, & que je suis frilleux, la fatalité a voulu que j'ouvrisse le paquet devant
mon feu, qu'une feuille volât dans la cheminée, je ne sais comment, & qu'elle
y fût consumée malgré moi, avant que
j'en eusse fait lecture. Or, Messieurs, cette
feuille, c'étoit la Clef ; jugez de mon
embarras, moi qui ai toujours tant aimé
à servir fidelement le Public ! Je fis part

de mon malheur, le foir même, à un ami pour qui je n'ai rien de caché : il me demanda le Conte à lire ; je le lui confiai, & il vient de me le renvoyer avec une Clef qu'il a fabriquée durant la nuit. Je ne fais s'il a rêvé, ou s'il a deviné jufte : mais dans le premier cas, il eft inutile de vous donner un rêve qui pourroit vous induire à de mauvaifes penfées ; & dans le fecond cas, il eft inutile de vous ennuyer par une Clef que chacun de vous peut imaginer fans peine ; il ne faut pas faire injure à la fagacité du Lecteur. Je dirai feulement, & pour vous mettre fur la voie, Meffieurs, que felon cet ami,

Téluce eft une anagramme parfaite de l'ancien nom d'une des principales Villes de l'Europe.

Menfer & *Lénos* font deux anagrammes imparfaites & tronquées des noms de deux perfonnages fort connus dans cette Ville, & célebres, même bien au-delà de fon enceinte.

De ces trois anagrammes il déduit,

comme conféquences évidentes, que ,

Les Reverberes font.......... un agent nouveau.

Les vieilles Lanternes........... l'ancien agent.

Les Ferblantiers.......... ceux qui fe vantent de blanchir notre fer , & qui le façonnent comme ils peuvent, ou comme ils veulent....

Les Marchands d'huile...... Ceux qui nous vendent les huiles de leur cru , bonnes ou mauvaifes , & plus fouvent mauvaifes que bonnes.

Les Charpentiers..... ceux qui hachent , coupent , fcient , & rajuftent tant bien que mal.

Les faifeurs de mèches....... Ceux qui , pour leur honneur, leur profit, ou leur plaifir , fe chargent de préparer tout ce qu'il faut pour nous éclairer : La Confrai-rie en eft fort nombreufe ; & elle marche fous plufieurs Bannières différentes.

Les allumeurs de Lanternes....... Ceux qui mettent en valeur les matieres prépa-rées par les précédens.

La rue aux Epreuves.... L'endroit où Menfer & Lénos faifoient leurs expériences.

La famille des *miopfes* n'eft autre chofe, felon mon ami, que la partie de la Nation, qui, par ignorance, par préjugés, & autres principes encore plus condamnables, eft ennemie née des Sciences, & fur-tout des Découvertes. Ces fortes de perfonnes fe retrouvent dans toutes les conditions, dans tous les Etats; & c'eft ce qui eft fuffifamment indiqué ici par le *Banquier*, le *Traiteur*, le *Tailleur*, & l'*&c*. qui vient après. On peut préfumer que ces trois mots font choifis pour défigner trois ordres principaux dans la Nation : en effet, il femble que les *Tailleurs*, qui taillent avec de grands cifeaux, & coufent à grands points, peuvent faire naître l'idée du militaire, qui taille des croupiéres à l'ennemi, & va quelquefois un peu vîte en befogne. Pour les *Traiteurs* qui font fujets à manquer ou à renverfer leurs fauces; & qui travaillent

pour

pour les Etrangers arrivants ou partants ; qui n'y voit pas , fous un voile badin , ceux qui font chargés de nourrir notre ame durant l'aurore de la vie , & de nous fouhaiter le bon foir , quand la nuit s'approche ; ceux qui font quelquefois de mauvais Difcours, ou qui fe brouillent en les débitant ? Enfin ce *Banquier* qui a fouvent toute notre fortune dans fes mains, & qui ne nous la rend qu'en retenant *l'agio* ; ce *fac* qu'il faut payer , tout celà ne préfente - t - il pas , dans un certain profil défavorable , un corps qu'il faudroit toujours refpecter , & dont tant de perfonnes aiment à fe plaindre ? Les ennemis de la fcience & des découvertes forment donc une grande famille que l'on retrouve un peu par-tout ; famille qui a la vue foible & bornée, que le grand jour importune & met de mauvaife humeur, & qui cabale plus volontiers & plus chaudement que ceux qui ont du génie. Le nom de *Miopfes* convient d'autant mieux à cette grande fa-

E

mille , que nous vivons dans un temps où l'on affure que beaucoup de perfonnes fe font un mérite d'avoir la vue baffe ; comme autrefois il falloit bégayer pour être quelque chofe dans le monde.

Le refte du Conte eft facile à deviner , ou purement arbitraire. Il faut fur-tout ranger parmi les portraits de fantaifie , les trois Seigneurs qui figurent dans cet Ouvrage. On voit bien qu'ils ont été faits fans modèles , & qu'ils ne fervent qu'à remplir le cadre ; de forte que chacun fera comptable des applications qu'il fe permettra d'en faire.

Quant à moi , Meffieurs , pauvre Editeur que je fuis , je déclare que je fuis prêt à croire qu'il n'y a pas un mot de vrai dans le Conte , dans la Clef , ni dans les Notes : pour un pauvre louis que j'y gagne , je n'ai pas envie de me compromettre. D'ailleurs , je dois me récufer avec d'autant plus de fondement , que j'ai *touché* ce papier en le recevant & en le lifant , & que je ne fuis pas affez habile pour calculer les effets immenses que cet *attouchement* à peine senti, a pu produire en moi ; que je crains beaucoup mon *imagination*, ayant cru aux Revenants dans mon enfance, & même un peu aux Sortileges ; & qu'enfin il m'arrive encore tous les jours de me reprocher *l'imitation* en beaucoup de choses que je n'oserois dire, & que néanmoins je me surprends à faire comme les autres. Après ce mot, qui m'étoit nécessaire pour me mettre à l'abri de toute imputation ou mauvaise tracasserie, je finis.

Ficta voluptatis causa sint proxima veris.

NOTES
POUR PLEURER.

Cur ita crediderim, nisi quid te detinet, audi.

(a) La médifance ajoûte : & *de l'argent* ? Le mot de la médifance peut être fondé : cependant on ne devoit pas le croire tel dans ces commencements, où *Menfer* refufa fi fièrement les conditions les plus avantageufes. Il eft poffible au refte qu'il ait été de bonne-foi dans toutes les époques de fa vie où il s'eft le moins accordé avec lui-même : l'imagination d'un homme de génie eft fi vive & fi impérieufe ! Eh ! combien trouve-t-on, même parmi ceux qui ont le moins de génie, de perfonnes qui n'aiént eu qu'une même façon de penfer dans toute leur vie ? Si l'on confidere les chofes quant au fonds, qui peut blâmer *Menfer* d'avoir mis un prix à fa Découverte ? Ceux qui fe font enrichis fans travail, fans génie, fans peine, ceux qui font devenus riches à des titres qu'ils n'avoueroient pas, ceux-mêmes dont la richeffe a entouré le berceau, oferont-ils lui jeter la première pierre ? S'il eût fait autrement, ne diroit-on pas qu'il faut le placer parmi les dupes ou parmi les fous ? Oui, mais il avoit déclaré que ce feroit nuire à l'humanité que de donner fon fecret à d'autres, qu'à des Ferblantiers ; & puis, il le donne à tout venant pour cent piéces d'or ; & puis on affure, que quand on a voulu lui reprocher cette petite contradiction, il a répondu qu'à tous

ees Initiés à cent piéces d'or , il n'en difoit pas affez pour
les mettre en état de nuire..... Oh ! ceci devient férieux ! Je
me tais jufqu'à ce que les faits foient établis.

(*b*) La fuite de cette hiftoire paroîtra démentir la fin du
difcours de *Menfer* : l'on verra qu'il fera deviné, & qu'il
le fera fans crime envers la Société, fans injuftice envers lui.
Mais en s'annonçant aux Téluciens , il étoit loin de prévoir
qu'il dût jamais avoir tant de torts envers Lénos , après lui
avoir eu tant d'obligations. Pour ne pas intervertir l'ordre
des faits , nous dirons feulement ici , que Menfer a été néceffité par fon propre intérêt , d'en laiffer trop voir à Lénos ,
pour que celui-ci ne le devinât pas ; qu'il en a trop mal agi
envers ce dernier, pour conferver aucun droit fur fon filence
& fon inaction ; en un mot , qu'il n'a été deviné que parce
qu'il s'y eft expofé ; & qu'il ne l'a été à fon détriment , que,
quand il l'a voulu lui-même. Il refte à examiner fi Lénos l'a
réellement deviné , ou s'il a fait une autre découverte qui
paroiffe au premier coup-d'œil , la même que la fienne :
c'eft ce que le temps nous apprendra.

(*c*) Telle eft la marche ordinaire des *Miopfes* de ce
monde . dans toutes les occafions importantes ! Dieu fait
quelle eft celle des *Miopfes* de la Lune ! Quant aux nôtres ,
comme ils ont une haute idée de leur capacité , & qu'ils font
fûrs de leurs lumières ; comme le Gouvernement a prefque
toujours le tort inconcevable de ne pas les confulter, &
même de ne pas leur communiquer fes vues , fes motifs ,
fes moyens, & fon but ; il arrive , avec raifon , qu'ils blâment
prefque tout ce qu'on fait ; & fi le hazard veut qu'une fois l'é-
venement juftifie leurs critiques prématurées , oh ! c'en eft
fait pour la vie ! Jamais rien ne les guérira de la maladie

de contrôler ce qui se fera sans eux , & ce qui sortira de l'orniere ordinaire de leurs idées.

(*d*) Il semblera d'abord qu'ici l'allégorie n'est pas exacte : les Ferblantiers , dira t-on , ont été les premiers persécuteurs des Reverberes , les premiers moteurs de la cabale : ils ont entraîné le Public ignorant qui n'y songeoit guères…. Cette objection est plausible ; mais elle n'est pas juste. Les Ferblantiers n'auroient pas osé se montrer comme ils ont fait , s'ils n'avoient pas su combien il leur seroit facile de séduire le Public ; s'ils n'avoient pas vu courir devant eux les hommes les plus enclins à clabauder , les ignorants entêtés de leur savoir , la famille des Miopses : mais quand ils ont pu compter tant de personnes qui se déclaroient contre *Menser* sans l'entendre & avant de s'assurer de la vérité ; quand ils ont trouvé dans les sociétés & chez leurs pratiques , tant de zélateurs armés contre cet Etranger , sans savoir pourquoi ; quand ils ont jeté les yeux sur la légion d'ennemis que toute Découverte brillante ne manque jamais d'avoir ; quand ils ont apperçu tant d'esprits légers qui voltigeoient déjà dans la carrière ; alors ils n'ont pas craint d'y entrer eux-mêmes. Il étoit donc juste dans l'allégorie de faire agir les Miopses avant les Ferblantiers.

Voici la marche ordinaire & naturelle des cabales… Parmi les indifférents , les uns clabaudent d'avance & sans examen ; d'autres sont disposés à tout ce que l'on veut ; le plus petit nombre se tait , attend , ou n'y pense pas ; gens inquiets , gens sans caractères , & gens sages ; voilà le Corps entier. Les Intéressés , qui observent ces dispositions du Public , en profitent & s'en enhardissent ; ils se servent des premiers pour entraîner les seconds : les têtes s'échauffent , & l'embrâ-

fement devient bientôt général. De toutes façons, on voi.
que ce font toujours les Miopfes qui mettent les Ferblantiers
en action, & qui doivent être repréfentés comme les premiers Auteurs & les premiers Acteurs des perfécutions. Dans
les guerres de Religion, les Chefs, qui n'ont jamais cal-
culé que leurs intérêts, n'auroient eu garde de prendre
leurs rôles, fi les Fanatiques de bonne-foi, fi les Miopfes
enfin, ne leur euffent fait entrevoir la poffibilité des
fuccès.

(e) Tout le monde en général, & les femmes fur-tout,
cherchent à plaire au Ferblantier qui a la confiance de la
maifon : on va au-devant de ce qui peut le flatter & l'attacher : on lui fait de la meilleure grace du monde tous les
facrifices poffibles qu'il defire, ou qu'on imagine pouvoir
lui faire plaifir. En conféquence de cette difpofition conf-
tante des efprits, qu'a-t-on dû obferver à Téluce au fujet de
Menfer?... Le Ferblantier entroit. « Ah ! vous voilà, Maître,
» vous êtes un aimable homme ! A propos ; dites-moi, je
» vous prie, qu'eft-ce que ce *Menfer* dont on parle? . Char-
» latan, Madame ! »…. Et puis dans tout Téluce, l'écho
redifoit : *Charlatan ! Charlatan !* Si le Ferblantier avoit
la complaifance de fe livrer à un petit excès de gaieté ; s'il
fe déridoit jufqu'à dire un bon mot, jufqu'à conter une petite
hiftoriette contre Menfer, (& il n'y manquoit pas quand il
en favoit une) ; on en pâmoit de rire, on trouvoit le tour
admirable, & l'on faifoit vîte atteler pour aller le jour même
faire cent œufs de cet œuf pondu... Après cet expofé fidele ,
comptez le fuffrage du plus grand nombre pour quelque-
chofe en ce qui concerne les Ferblantiers ! C'eft pourtant
ainfi que tout Téluce a tant crié contre Menfer & Lénos.

(f] Nous avons fur cette brouillerie des anecdotes ignorées du Public, mais précieufes, & qui prouvent que Lénos n'a jamais eu que des procédés généreux envers Menfer ; qu'il n'a dit & fait contre ce dernier, que ce que celui-ci l'a mis dans la plus abfolue néceffité de dire & de faire ; & que, même jamais il n'a oublié ce qu'il fe devoit à lui-même, ni ce qu'il pouvoit devoir à un homme de génie & à la vertu. Nous prouverions que fi certaines circonftances ont paru élever quelques nuages fur fa perfonne ; ce n'a été que par un effet de fa modération, de fa retenue, de fon honnêteté, de fa confiance en fa caufe & en un homme qui n'auroit jamais dû être fon ennemi. La malignité à coutume de confondre les temps pour dénaturer les faits : Rétabliffons l'ordre en peu de mots ; remettons chaque chofe à fa place ; & de l'ordre fortira la vérité.

1°. Avant le départ de Menfer, l'union avoit été inaltérable entre lui & Lénos ; il en avoit befoin alors ; Lénos lui faifoit, fans aucun retour, fans aucune condition, les facrifices les plus fignalés & les plus fréquents : l'Inventeur, féparé de Lenos, fe fût trouvé feul au monde, avec fa Découverte que perfonne n'étoit difpofé à accueillir, parce que perfonne ne la comprenoit. Lénos feul parloit pour lui ; feul il le confeilloit & le dirigeoit ; feul il lui ouvroit les portes des Lycées & des Grands ; follicitations, difcours, démarches infinies, Lénos fuffifoit à tout ; en même-temps il procuroit à Menfer, & à fes propres dépens, tous les moyens de faire des Reverberes & des épreuves ; & pendant ce temps-là, qu'eft-ce que Menfer faifoit pour Lénos ? Il lui promettoit un fecret, que ce dernier ne demandoit que pour fon Corps, fecret toujours promis, & qui n'étoit jamais donné.

2°. Menfer part : Lénos fait des Reverberes d'après les

connoiſſances qu'il a , & qu'il ne doit qu'à lui-même : il réuſſit : de-là, guerre ouverte.

3°. Menſer revient; Lénos cherche un raccommodement, & l'obtient, à condition que dès ce moment il y aura ſociété entr'eux. Menſer avoit bien voulu attacher à ſon char un Ferblantier-Maître de Téluce : « Mais non , lui diſoit Lé- » nos, je manquerois au Corps auquel j'appartiens , ſi je » me liois avec vous à d'autre titre qu'à celui d'Aſſocié : » je ne puis avoir le même char que vous , qu'autant que » j'y ſerai aſſis avec vous ; à cet article-là près, les conditions » ſeront telles que vous les voudrez ». Menſer ſait bien tout le déſintéreſſement qui caractériſe la conduite de Lénos en cette époque, comme en tant d'autres : mais enfin, ce n'é- toit pas un égal, c'étoit un ſerviteur qu'il lui falloit. Cependant il parut céder : Lénos promit de n'agir qu'en ſociété , & il tint parole ; Menſer promit de dévoiler tout ſon ſecret , & ne dévoila rien : celui-là , qui connoiſſoit déjà la valeur de ces ſortes de promeſſes , diſſimuloit ſans ſe plaindre , par amour pour la paix , quand vint le jour où l'Hercinien lui tint un propos qui ne pouvoit convenir qu'à un deſpote parlant à ſon eſclave , un mot qui devenoit une injure grave , & qui prouvoit que Lénos ne ſeroit jamais que ſa dupe.

4°. Etre dupe , eſt une peine de la vie difficile à ſuppor- ter : mais il y a telles circonſtances délicates, où une ame noble s'honore en ſe dévouant à cette peine ; tandis que nulle circonſtance au monde n'autoriſe à ſe prêter à certaines injures. Le lendemain Lénos alla dès le matin chez Menſer ; & après deux heures de diſcuſſion , ce dernier ſe tira de peine en promettant de bouche ce qu'il rétracta le ſoir même par écrit.

5°. Depuis ce dernier trait, ils ne ſe ſont plus revus : mais

Menfer a publié & fait publier par ſes amis , que **Lénos**
s'étoit engagé à ne pas faire de Reverberes féparément ,
& que néanmoins il en faiſoit ; que pour celà il lui devoit
un dédit de cent cinquante mille piéces d'argent ; que c'étoit
de plus un ignorant , à qui , lui Menſer n'avoit rien appris ,
& que cet ignorant avoit abuſé de ſa confiance.

D'après cet expoſé ſuccint , mais exact , on ſe contentera
de dire à Menſer une ſeule choſe entre mille.

« Vous donnez pour deux mille quatre cens piéces d'ar-
» gent , à quiconque ſe préſente , le ſecret de votre décou.
» verte : or rappellez-vous tout ce que Lénos a fait , perdu,
» & ſouffert pour vous ! Il vous a immolé ſon repos & ſon
» temps le plus précieux ; il a expoſé pour vous ſon état ,
» ſa réputation, & ſa fortune. Que de pertes n'a-t-il pas
» eſſuyées ! Rappellez-vous avec quelle nobleſſe ; Rap-
» pellez-vous le beſoin que vous en aviez , & les avantages
» que vous en avez retirés ! Et vous lui faites le reproche de
» vous avoir dérobé un ſecret que vous donnez à tout in˜
» connu pour cent piéces d'or ! Et pour celà vous lui de-
» mandez cent cinquante mille pieces d'argent de dédom-
» magement !.... Oh ! Menſer , vous avez du génie ; vous
» êtes parvenu à une grande Découverte; mais quel homme
» êtes-vous ? Et quelles gens ſont-ce que ceux qui vous
» croient ſans examen , & qui parlent comme vous ſans
» connoiſſance de cauſe ! Quelle bizarrerie ! On ne vous
» croit pas quand vous avez raiſon , on vous perſécute ;
» & l'on vous croit quand vous avez tort , quand vous per-
» ſécutez » ! Mais je me trompe , ce n'eſt pas-là une bizarrerie ; c'eſt la marche toute naturelle des choſes de ce
monde. En ce cas, dites-moi, bonnes gens , qui aimez la
franchiſe , qu'eſt-ce que l'homme , hélas ! qu'eſt-ce que
nous ?

(g) Ce feroit faire une injure gratuite à la fagacité du Lecteur, que de lui expliquer ce qu'on entend par la gène dans le commerce du papier, les mouches de diverfes couleurs, les foufflets magiques, &c.; mais au-lieu de cette explication qui feroit fuperflue, nous rapporterons un entretien fort intéreffant qui a eu lieu entre un ami de Lénos & un parent du Doyen des Ferblantiers.

L'A M I.

La caufe des vieilles Lanternes va mal; elles rifquent d'être inceffamment brifées en mille pièces.

L E P A R E N T.

Je fais ce que vous voulez dire : je connois les Ouvrages auxquels vous faites allufion : mais ils ne feront pas tout le mal que vous en efpérez; car le Magiftrat n'en permettra pas la publication.

L' A M I.

Le Magiftrat ? Et fur quel titre feroit fondé fon refus ?

L E P A R E N T.

Il ne conviendroit pas de laiffer paffer ces Ecrits.

L' A M I.

Je vous entends ! Il ne convient pas aux Ferblantiers d'être réfutés & payés de leur monnoie ! Mais il leur conviendroit très fort de perfuader au Public, que ce qu eft contr'eux, eft injufte & dommageable à toute la Nation Malheureufement pour ce fyftème, qui eft fort bien entendu le Magiftrat n'eft pas Ferblantier !

LE PARENT.

Non, mais il est ami de l'ordre & de la décence ; il est ami de la justice ; en un mot il veut le bien.

L'AMI.

Et parce qu'il veut le bien, vous voulez qu'il fasse le mal? Mais qu'y a-t-il donc d'indécent & de contraire à l'ordre, dans les Ouvrages dont il s'agit ?

LE PARENT.

Est-il dans l'ordre de troubler le repos des Citoyens, le repos de plusieurs Corps anciens & respectacles, qui font honneur à la Nation, qui en ont la confiance, & qui remplissent tranquillement les devoirs de leur état, les devoirs les plus chers à l'humanité ? Est-il décent & convenable d'injurier & de tourner en ridicule des hommes d'un mérite distingué, & qui ont la confiance du Gouvernement, des faiseurs de Mèches enfin qui ont été nommés Commissaires ?

L'AMI.

Combien de choses à dire vous me fournissez à-la-fois ! Le Gouvernement sait, vous savez, tous les Ferblantiers & vos Faiseurs de Mechès savent, que nul homme au monde n'a tenu une conduite plus honnéte & plus réguliere que Lénos : depuis qu'il a été question des Reverberes, il n'a pas fait un pas, il n'a pas dit un mot sans avoir prévenu le Gouvernement d'avance. Jamais de cabale de sa part ; jamais d'intrigue secrette ; jamais il n'a attaqué ni compromis personne. On l'a attaqué de toutes les maniéres, & il n'a répondu que rarement, & dans le cas de nécessité abſolue, que laconiquement, modérément, autant que le devoir de ſa propre défenſe l'exigeoit. Eh bien ! voilà l'homme que l'on n'a ceſſé & que l'on ne ceſſe de harceler, de déchirer de toutes les maniéres. Voilà l'homme que vous voulez dépouiller du droit d'une juſte défenſe

LE PARENT.

On lui permettra de ſe défendre, mais avec les ménagemens qu'il couvient.

L'AMI.

C'eſt-à-dire, avec les ménagemens que l'on n'a pas pour lui ?

LE PARENT.

Si de part ou d'autre on a manqué aux égards que l'on ſe doit mutuellement, c'eſt un mal qu'il faut arrêter ; & pour cela on ne doit plus permettre à perſonne de parler un autre langage que celui de la raiſon.

L'AMI.

Très-bien vu ! Quand la meſure eſt comble d'un côté, on refuſe tout de l'autre à l'innocent qui ſe trouve immolé ! Il faut que, par principe de ſageſſe, cet innocent ſoit réduit à paroître aux yeux du Public avoir ſupporté ſans aucune ſenſibilité, les ſarcaſmes & les injures ! On aura attendu qu'il ait été bien vilipendé, pour ſe ſouvenir qu'on ne doit point permettre les attaques perſonnelles ! Et l'on s'en ſouviendra dès la premiere fois qu'il voudra répondre ! Si le Magiſtrat étoit vendu aux perſécuteurs, auroir-il une autre route, d'autres principes à ſuivre que ceux que vous prêchez ? C'eſt donc lui faire une injure grave que de ſuppoſer qu'il les ſuivra ? C'eſt vouloir qu'il reſſemble à ceux qu'il doit réprimer les premiers.

LE PARENT.

Mais ne diroit-on pas, à vous entendre, qu'on a fait grand tort à Lénos ? En quoi donc lui a-t-on manqué ſi eſſentiellement ?

L' AMI.

L'oſez-vous demander ? Et les farces imprimées & jouées publiquement ? Et les démentis non-fondés ? Et les lettres inſérées dans toutes les feuilles publiques ? Reliſez donc toutes ces piéces, & trouvez-y quelque trace d'honnêteté, de retenue, & de décence ! Et c'eſt à ces inſultes que vous voulez qu'il paroiſſe inſenſible aux yeux de toute l'Europe Et vous voulez qu'on ſe ménage le ſouvenir dont nous parlions ci-devant, comme une botte ſecrete réſervée contre lui ſeul ? Et vous oſez penſer que ce ſera le Magiſtrat qui lui réſervera cette botte ſecrete ?

LE PARENT.

Lénos ſe fera plus d'honneur en mépriſant toutes les attaques dont vous parlez, & en ſe renfermant dans les bornes de la raiſon.

L' AMI.

L'expérience lui prouve juſqu'où s'étend cet honneur ; il paſſe pour coupable dans tous les pays Etrangers & dans l'opinion de preſque tous ſes compatriotes, pour prix de cette belle modération dont il a donné un exemple ſi ſtérile, & que vous lui prêchez ! Le droit d'une juſte défenſe demande enfin qu'il change de plan. Nous vivons dans un siécle où presque toutes les oreilles sont sourdes au langage sérieux & compassé de la raison ; on ne veut de la raison elle-même qu'autant qu'elle amuse & qu'elle fait rire. Ainsi vous n'accordez à Lénos qu'un petit ruisseau qui se perd près de sa source, après avoir permis à ses ennemis d'inonder les campagnes par un torrent immense ? Il falloit contenir les autres dans les bornes que vous voulez lui tracer ; il faut aujourd'hui lui permettre, par représailles, ce qu'on a d'abord permis aux autres. En un mot entre égaux, il n'y a qu'une bonne loi ; l'égalité.

LE PARENT.

Est-ce qu'un seul homme est égal à plusieurs, à plusieurs Corps ?

L' AMI.

Il est l'égal de chacun d'eux. D'ailleurs, est-il permis aux Corps d'attaquer injustement les particuliers ? La Loi interdit-elle aux particuliers de se défendre contre les Corps ? Mais qui dit *se défendre*, suppose des armes égales, telles pour lui que pour les autres.

LE PARENT.

Les Corps ne lui ont pas dit d'injures ; ils ne l'ont point plaisanté.

L' AMI.

Si ce n'est toi, c'est donc ton frere ! Et puis, il ne dira des injures à personne, & ne plaisantera point les Corps : tout ce qu'il y a, c'est que les Corps ayant applaudi à ceux qui l'ont injurié & vexé, il doit lui être permis d'applaudir également à ceux de ses amis qui le vengeront en disant, non des injures, mais des vérités utiles & plaifanres aux Corps mêmes ; & le Gouvernement doit fouffrir dans les amis de l'un, ce qu'il a permis aux amis des autres.

LE PARENT.

Vous voulez que le Gouvernement autorife de fimples particuliers à manquer à des Corps refpectables, à des hommes d'un mérite diftingué, qui font honneur à leur fiecle ?

L'AMI.

Et vous voulez que le Gouvernement autorife ces Corps refpectables à ne pas fe refpecter, à manquer aux particuliers & au public ? Vous voulez que ces hommes d'un mérite diftingué s'oublient jufqu'à flétrir de leurs propres mains les lauriers qui leur ceignent le front, fans que les Intéreffés mêmes aient le droit de les en avertir ? Quel eft donc ce mérite dont vous vous prévalez pour leur arroger le droit de me nuire impunément ? Ils ont été à l'école avec moi ; ils y ont appris comme moi à lire, à écrire & à chiffrer : voilà tout. Ils lifent plus couramment, ils chiffrent plus vîte, ils moulent mieux leurs lettres, je le veux bien ; cependant il n'y a pas là de quoi m'immoler à leurs intérêts ou à leur orgueil.

LE PARENT.

Ils le feront avec juftice, fi vous le méritez.

L'AMI.

Fort bien dit, fi je le mérite ; mais l'ai-je mérité ? Il s'agit de favoir fi les Reverberes éclairent : j'affirme & vous niez : le Gouvernement eft entre nous comme un tiers

qui

qui nous écoute pour nous juger. Croyez-vous qu'il aura la mal-adresse de poser en principe ce qui est en question ? Ce n'est point à la force de vos poumons ou des miens à déterminer l'opinion du Magistrat : ce n'est pas même à votre mérite distingué ; car l'homme de mérite se trompe quelquefois. C'est à la vérité bien développée , bien établie , non par le suffrage des Corps , mais par sa propre évidence ou par celle des faits. Occupez-vous donc de la vérité , & ne cabalez pas pour m'empêcher de vous répondre & de me justifier.

Le Parent.

On s'en est occupé autant & plus que la chose n'en valoit la peine.

L'Ami.

Vous retombez toujours dans la même faute ; vous devancez vos Juges ; il s'agit de la chose la plus importante si elle a quelque réalité ; & vous ne pouvez la traiter avec légereté , qu'en la supposant nulle & chimérique : nous en sommes à l'instruction du procès , & toujours vous supposez la sentence prononcée.

Le Parent.

Mais elle est prononcée par le jugement des Commissaires.

L'Ami.

Autre erreur. Les Commissaires ne sont point Juges. Ils ne sont tout au plus que Rapporteurs : souvent le Juge décide contre l'avis du Rapporteur ; vous le savez ? On peut même encore renvoyer à un plus ample informé. Laissez donc le point de question dans l'état d'indécision où il

F

eſt , & en attendant le mot du Juge , trouvez bon qu'on vous
réplique. Songez que je vous fais grace en comparant vos
Commiſſaires à des Rapporteurs : je pourrois effacer ce
mot, & vous prouver qu'ils ne ſont que de mauvais Avocats.
Il eſt donc encore permis à Lénos de parler ; & lui en
refuſer le droit , feroit le juger ſans l'entendre. Vous voyez
que de toutes façons la juſtice eſt pour lui.

LE PARENT.

La juſtice ? Soit ; mais la politique eſt contre.

L' AMI.

Oui , la politique des Ferblantiers & des Marchands
d'Huile :

LE PARENT.

Et celle-là devient en cette rencontre la politique de
l'Etat , auquel il importe de conſerver ces deux Corps : la
fortune de tant de familles en dépend ;

L' AMI.

La fortune d'un homme ſur cent mille ? Il faudra donc
ſacrifier l'avantage le plus ſacré de cent mille hommes à
la petite fortune d'un ſeul ? Appellez-vous celà de la politique ? Ces familles ne peuvent-elles pas chercher ou
placer leur fortune ailleurs ? Et qui les empêchoit d'écouter
Lénos & de s'approprier le privilége des Reverberes ? Qui
les empêche encore de revenir ſur leurs pas ? Faut-il que
le Public ſoit victime de leur opiniâtreté ? D'ailleurs le mal
qui peut leur arriver par la ſuite , & qui ne ſera peut-être
pas ſi grand que vous le croyez ; ce mal ne proviendra
point des réponſes faites à leurs libelles : il réſultera de

l'utilité reconnue des Reverberes , chofe que le Gouverne
ment ne doit ni ne peut empê her , fi elle eft fondée.
Vous parlez de Politique ? En voici une qui ne vous plaira
peut-être pas. Lorfqu'un Vanirien a voulu nous apprendre
à nous faire des aîles pour voler par-deffus les toits ; fi le
Gouvernement avoit voulu étouffer cette idée par égards
pour les Cordonniers qui font nos bottes, & pour les
Savetiers qui les raccommodent , il auroit fait une faute
grave & une faute inutile , parce qu'on auroit fait des
aîles ailleurs , & même enfuite dans le Royaume malgré le
Gouvernement. Si aujourd'hui on veut empêcher les Reverberes, on voudra une chofe encore mille fois plus im-
poffible. Il n'y a pour le Gouvernement dans cette affaire
qu'un parti fage, celui de laiffer dire tout ce qu'ou aura à
fe dire de part & d'autre : à la fin la vérité fortira de fon
puits;le Public dictera le jugement convenable;& le Gouver-
ment aura tout fait pour le mieux en accordant cette petite
liberté. Obfervez bien que cette liberté eft ici de droit na-
turel : car de quoi s'agit-il ? De moi & de mes yeux ? Le
foleil ne m'éclaire pas toujours ; il paffe fous l'horizon,
& me laiffe dans les ténèbres ; j'ai befoin de fecours alors :
laiffez-moi décider de quelle maniére j'y vois le mieux ,
Nul ne fait auffi bien que moi fi les Reverberes m'éclairent ou non ; & le Gouvernement feroit un acte que je
n'ofe caractérifer , s'il venoit me dire, avec tout le férieux
de fon autorité : « *Vous y royez*, quand je n'y vois goutte ;
» & *Vous n'y voiez pas* » quand j'y vois très-bien. Or fi
la fageffe de ceux qui gouvernent, exige d'eux qu'ils nous
laiffent premiers Juges en cette occafion ; leur équité demande qu'il nous foit permis de difcuter les faits : ils doivent
d'autant plus nous laiffer dire , que cela ne fervira qu'à
accélérer le moment où la vérité doit fe montrer dans tout

son jour. Quant aux plaisanteries, tant mieux pour ceux qui les font bonnes & justes ; tant pis pour ceux qui les ont méritées, provoquées, & rendues nécessaires.

(*h*) Un homme s'est trouvé, au milieu de Téluce, & en plein jour, assailli par l'accident le plus foudroyant & le moins prévu : on a appellé, pour le secourir, un Charpentier qui passoit par hazard. Celui-ci a refusé tout secours, sur de si mauvaises raisons qu'on en a été vivement indigné ; & quel étoit le motif de ce refus barbare ? C'est que le malheureux à qui cet accident étoit arrivé, se trouvoit chez une Dame qui avoit été aux Reverberes, & qu'elle avoit témoigné publiquement qu'elle y avoit vu. Oh, Messieurs, est-ce ainsi qu'on rend sa cause bonne ? Est-ce ainsi qu'on devient respectable ?

(*i*) Lorsque le Gouvernement a desiré des Commissaires, comme on le verra plus bas, pour terminer cette grande querelle ; les Ferblantiers de la petite Confrairie, ont requis d'être nommés ; ils l'ont été, & ils ont jugé comme tout le monde sait ; sur quoi je n'ai qu'un mot à leur dire : « Lors-
» qu'on vous a parlé pour la première fois des Reverberes,
» vous les avez jugés indignes de votre attention : vous avez
» été sollicités alors de nommer des Commissaires ; & vous
» avez refusé, disant que c'eût été vous compromettre que
» de vous occuper d'une chose si évidemment absurde : &
» après plusieurs années d'épreuves faites par le Public,
» vous trouvez que la chose est assez importante pour solli-
» citer ouvertement cette même commission. Courage,
» Messieurs ; vous êtes sur la bonne voie ! Vous avez dédai-
» gné un objet nouveau que vous ne connoissiez pas ; vous
» demandez à le connoître quand le Public y attache quel-

» que valeur. Courage ! Vous finirez par y soupçonner
» quelque réalité, quand toute la Nation en sera convain-
» cue. Cependant convenez, que des hommes attentifs à ce
» qu'ils se doivent, auroient suivi une marche un peu
» différente. Avouez, qu'en hommes sages ils auroient
» commencé par se méfier de leur ignorance & de leurs
» préjugés. Si vous aviez débuté par-là, il y a long-temps
» que de façon ou d'autre, cette dispute seroit terminée, &
» tout le monde seroit content : mais vos partisans n'au-
» roient pas eu une si brillante occasion de répéter, que
» vous êtes des hommes *d'un mérite distingué* ».

(*k*) Ce grand coup, porté avec éclat, n'a été qu'une
grande mal-adresse de la part des Ferblantiers de la grande
Confrairie. En différant plusieurs années de le porter, ils
ont donné lieu au Public d'imaginer que leurs raisons
n'étoient pas bien solides ; car on savoit bien qu'ils ne
différoient point par esprit de modération. En effet, tout
le monde sait que Lénos en entrant, long-temps avant
cette époque, dans la grande Confrairie, avoit été frappé
de plusieurs abus qui s'y étoient introduits ; (tous les Corps
y sont sujets, & sur-tout les Confrairies ;) que son esprit
actif & droit en avoit apperçu les conséquences funestes ;
que son ame pleine de zèle l'avoit porté à rechercher les
moyens d'y remédier ; que les Mémoires qu'il avoit remis
à sa Confrairie pour cet objet, avoient excité bien des
clameurs, parce qu'il y a par-tout des Miopses, & que
par-tout l'intérêt personnel est ennemi du bien ; qu'enfin
les Commissaires nommés dans le temps par la Confrairie
avoient reconnu la vérité des reproches faits au corps,
la justesse des conséquences, & la sagesse des moyens in-
diqués pour arrêter & réparer le mal ; que le Corps n'en

a pas moins tenu à fes allures, à fes vices invétérés ; que feulement il en a été plus fortement difpofé à nuire à Lénos quand l'occafion s'en préfenteroit ; qu'on attendoit cette occafion avec impatience ; qu'on l'a faifie avec joie ; & que Lénos a été, comme prefque tous les amis du bien, victime de la vérité, de la raifon & du zèle. Il eft donc affez difficile de concevoir comment les Ferblantiers ont pu tant différer de le rayer ! D'autant plus que par-là ils ont comme familiarifé d'avance le Public avec cette idée, que la radiation fe réduit à rien ; ils ont accoûtumé les amis de Lénos, à ne tenir aucun compte de cette forte de profcription ; je parle de fes vrais amis, de ceux qu'il avoit hors de fon corps, gens à qui on a laiffé le temps d'établir dans le monde leur opinion à ce fujet. Il faut bien que la Confrairie ait eu des raifons fecretes, des motifs de crainte, de politique, de cette politique fourde & fauffe, qui eft celle des Miopfes, pour mettre tant de lenteur dans une démarche où la paffion la plus puiffante de ce monde les entraînoit fi unanimement, & fi fortement depuis tant d'années. Quoiqu'il en foit, les Ferblantiers fe font déterminés à rayer Lénos au moment où le monde commençoit à revenir fur le compte des Reverberes ; au moment où les partifans de cette Découverte ne pouvoient déjà plus fe compter ; c'eft-à-dire, au moment où la radiation ne pouvoit nuire qu'à ceux qui la prononçoient. On feroit tenté de croire qu'en feignant de nuire à Lénos, ils ont voulu le fervir. Si ce n'eft pas celà, ils ont été dirigés par une paffion bien aveugle, ou retenus par des confidérations bien puiffantes ; ou bien encore, les pauvres gens ont perdu la tête. Ce feroit grand dommage !

(1) Il y a vingt hiftoires plus comiques les unes que les

autres fur la retraite des amis de Lénos : nous les avons recueillies , & nous les donnerons inceffamment au Public dans un Ouvrage qui aura pour titre : *la Tactique du Sage, ou l'Art de faire une retraite sûre le jour même du combat* ; Ouvrage dont les principes feront établis fur des faits tirés de l'Hiftoire des Ferblantiers.

(*m*) La fatalité n'a donné le croc-en-jambe dont il s'agit , que par le fecours d'une intrigue dont nous avons déjà parlé. Les Ferblantiers de la petite Confrairie, qui fe piquent, comme on le fait , de voir mieux que les autres Confreres , faifirent du premier coup-d'œil , toutes les conféquences du choix que l'on alloit faire ; & pour s'affurer une voix prépondérante dans les rapports , ils fe préfenterent au concours, & intriguerent pour parvenir à l'honneur d'être Elus : ils le furent ; & voilà pourquoi le jugement des Commiffaires eft fi refpectable & fi refpecté.

(*n*) Ce récit exact & fidele démontre combien le fage Provincial qui doute fi généreufement quand il pourroit affirmer, a été mal inftruit des faits relatifs à cette époque. Les Obfervations de Lénos , auroient dû pourtant lui infpirer à ce fujet plus de retenue qu'il n'en a eu. Quoiqu'il en foit, nous parierions bien que ce Provincial , que nous aimons tant à eftimer, a été affez malheureux pour ne pas connoître Lénos : certainement il ne le connoît pas : aucun de fes amis , aucun de fes parents ne le lui a fait connoître ! Oh ! combien nous le plaignons ! combien nous l'eftimons davantage de tous les regrets qu'il aura après avoir parcouru ce Conte nouveau. Par *quelle fatalité*, dira-t-il avec amertume, *n'ai-je pas affez douté fur les penfées qui me font venues à ce fujet , moi qui ai tant douté fur d'autres*

F iv

points où personne ne doute ? Il le dira ; & fon regret le
rétablira dans tous les droits de fon innocence premiére.

(*o*) Il nous vient à ce fujet une idée que nous foumet-
tons aux lumiéres des plus habiles Phyficiens de ce fiécle :
La voici : Jufqu'à quel âge eft-il permis de juger des
idées neuves ? Dans la jeuneffe toutes les fibres fe prêtent
également à leur propre développement & aux exercices
que nous leur demandons. A mefure que nous avançons en
âge, celles que nous avons toujours ou fouvent exercées,
acquiérent de nouvelles forces, un jeu plus facile ; tandis
que celles qui font reftées dans l'inaction, deviennent de
jour en jour plus difficiles à mouvoir ; d'où il doit réfulter
qu'à un certain âge, une idée neuve ne doit plus trouver de
porte à ouvrir. Auffi voit-on les vieillards juger très-bien
jufqu'au bout de leur carriére, des chofes qui les ont
occupés toute leur vie, telles que font les devoirs de la
vie civile, la prudence dans les affaires d'intérêts, &c. ;
& c'eft pour les mêmes chofes que l'on nous dit de prendre
& de fuivre les confeils de la vieilleffe : mais en eft-il de
même lorfqu'il s'agit d'un genre qui leur a toujours été
étranger, & d'une découverte annoncée dans ce genre-là ?
Un des plus grands Géometres de ce fiécle foûtenoit férieufement que l'Anatomie, la Botanique ; en un mot,
toutes les fciences non fondées fur le calcul, étoient des
fciences inutiles. Mais ce fameux Géometre étoit vieux
quand il parloit ainfi.

(*p*) Tous les fuffrages cependant ne fe font pas réunis en
faveur de ce jugement : entre plufieurs voix qui fe font
élevées contre, nous allons recueillir celle d'un Etranger,

qui, dans le temps écrivit la Lettre fuivante aux Commiffaires.

« J'arrive, MM., de l'un des coins du monde qui ont
» le malheur d'être fort éloignés de Téluce, le malheur
» d'être loin de ce centre du Goût, des Arts, & des Plaifirs.
» J'avois dans cette région lointaine beaucoup ouï parler
» des Réverberes : j'avois même vu les ouvrages qui avoient
» été faits pour & contre ; fur quoi il eft bon d'obferver,
» MM. que nous parlons & que nous fçavons lire, quoique
» placés au bout du monde. Je favois même, en partant
» pour Téluce, que vous aviez été nommés Commiffaires
» pour juger de cette grande ou prétendue découverte ; ou
» plutôt, je favois qu'il y avoit eu des Commiffaires nom-
» més : car à une certaine diftance, comme on le prouve
» très-bien par les loix de l'optique, on ne voit les objets
» que par grouppes ; ce qui ne laiffe pas d'être fâcheux pour
» les hommes d'un mérite diftingué.

» D'après cet expofé, vous concevez, MM., avec quel
» empreffement j'ai demandé votre *jugement* aux Commis
» de la barriére. On me le procure ; je le parcours........
» Pardon, MM. ; pardon, ville célebre, beaux efprits à
» la mode, ô vous tous qui avez le génie en partage, qui
» en fourniffez l'Univers, qui le rajeuniffez tous les jours
» fi joliment par tant d'épigrammes charmantes & tant de
» bons mots délicieux. Pardon ! Mais, dites-moi, célebres
» Ariftarques, (car on fait bien que vous n'êtes pas des
» Zoïles honteux ;] par quelle politique adroite & cachée,
» par quel motif effentiel & fecret vous déraifonnez fi vifible-
» ment dans cette piéce importante ? Vous voulez voir &
» fuivre les épreuves publiques ; & en effet, le bon fens
» indique cette voie comme la meilleure & peut-être la feule
» bonne pour vous mettre en état de juger ; & puis vous

» vous arrêtez à moitié chemin pour déclarer cette voie
» peu nécessaire, trop longue, & même impraticable. *Im-*
» *praticable* ! Pourquoi ne pourroit-on pas *pratiquer*
» avec vous ce que l'on *pratique* sans vous ? *Peu nécessaire !*
» Quelle nouvelle doctrine ! Les Tribunaux jugeront-ils
» désormais sans voir & sans entendre ? *Trop longue* ! Eh !
» MM., le temps ne fait rien à la chose. On vous demande
» équité, vérité, lumière, & non célérité. N'importe, vous
» prenez une autre route, & bientôt vous vous hâtez de
» juger ce que vous-même avez résolu de ne voir qu'à
» demi ! Comment avez-vous pu espérer que de cette sorte
» on respecteroit votre *jugement* ? Vous arrêtez que vous-
» mêmes vous vous soumettrez aux épreuves des Rever-
» beres ; & en même-temps vous déclarez que vous ferez
» peu d'attention à ce que vos yeux éprouveront. Comment
» ne craignez-vous pas de vous rendre suspects ou même
» convaincus de partialité, &, ce qui est bien plus affreux,
» de mal-adresse ? Vous voyez quelques-uns des effets de
» ces Reverberes ; vous en ressentez vous-mêmes l'impres-
» sion ; vous avouez ces deux points si décisifs ; & vous
» concluez que les Réverberes ne font rien ! Ce n'est rien,
» & vous voulez les faire prohiber ? Faire prohiber le rien !
» Regarder le rien comme dangereux ? Vos amis nous disent
» que ce n'est rien, & que telles & telles personnes en ont
» été les victimes. *Victimes de rien* ! Ah ! Messieurs,
» craignez d'en être victimes vous-mêmes. Entendez-vous
» mieux avec vos amis : qu'un homme désespéré, qui
» empire tous les jours entre les mains des Esculapes les plus
» renommés, abandonne enfin tous les remedes ; qu'en
» ne faisant rien, il paroisse se trouver mieux pendant
» quelque temps, & qu'après un certain intervalle, la
» même maladie lui reprenne, & qu'il y succombe ; sans

» doute il meurt victime de fa maladie : mais ofer nous
» dire que celui qui a bien mal aux yeux devient aveugle
» pour avoir été aux Reverberes qui ne font rien ! Croyez-
» moi , impofez filence à vos amis ; leur zèle n'eft pas
» felon la fcience , ils nuifent à la bonne caufe.

» Vous donnez férieufement comme argument valable
» contre les Reverberes , que le principe par lequel ils
» éclairent eft une chofe impalpable & invifible. Non ,
» non , cela n'eft pas férieux. Vous n'avez pas pu oublier
» jufqu'à ce point combien il y a aujourd'hui de perfonnes
» qui ont quelques connoiffances de la Phyfique ; j'aime
» mieux croire que par ce petit effai vous avez voulu voir
» jufqu'où pourroit aller votre empire fur les efprits.

» Enfin vous attribuez les faits que vous avouez & qu'il
» eût été plus court de nier, à *l'attouchement*, à *l'imi-*
» *tation*, à *l'imagination*. Oh ! pour le coup , il faut
» être à demi noyé pour s'attacher à une pareille planche.
» Depuis tant de milliers d'années que le monde exifte ,
» avez-vous attendu que Menfer vînt parmi vous , pour être
» *attouchés*, pour éprouver que vous aviez de *l'imagina-*
» *tion*, pour être portés à *l'imitation*. Si vous étiez dé-
» pourvus de ces trois grandes facultés , comment Menfer
» avec *rien* vous a-t-il donné ce que vous n'aviez pas ? Si
» vous avez toujours été conftitués, vous & vos peres, comme
» vous l'êtes entre les mains de Menfer, pourquoi ces mêmes
» facultés n'ont-elles jamais rien produit en vous de pareil à
» ce qu'il leur fait produire avec *rien* ? Prenez garde, MM., fi
» *l'attouchement*, *l'imagination*, *l'imitation*, produifent
» entre les mains de Menfer ce qu'ils n'ont jamais produit ;
» Menfer, a donc pour exercer ces trois facultés, une manière
» toute neuve , une manière digne d'attention , & que

» vous deviez mieux étudier par zèle & par respect pour
» l'espece humaine ! Il faut , MM. , pour vous tirer de ce
» mauvais pas , que vous prouviez [mais vous voudrez
» bien vous rappeller ce que c'est que *prouver* , car le
» monde ne l'oubliera pas pour vous complaire ;] que dans
» tous les temps & par-tout on a produit des phénomènes
» singuliers , suivis , très-essentiels à la machine de l'homme ,
» des phénomenes analogues en tout à ceux que Menser
» produit , & cela par l'*attouchement* en ceux que même
» on ne touchoit pas , par l'*imitation* chez ceux qui ne
» voyoient rien à imiter , & par l'*imagination* dans ceux
» en qui rien ne pouvoit mouvoir & réveiller cette faculté;
» [car les Reverberes donnent des exemples où toutes ces
» conditions sont observées ;] ou bien il faut nier ce qui
» est affirmé & reconnu par deux cents Ferblantiers , & par
» mille autres personnes estimées dans le monde & dignes
» de l'être. Pesez bien les conséquences du parti que vous
» avez pris. Si les Reverberes sont quelque chose de réel ,
» vous n'en arrêterez pas les progrès ; cessez de vous en
» flatter. Mais en ce cas vous aurez fait une tache hon-
» teuse à votre réputation , & à celle des Corps respectables
» auxquels vous avez l'honneur d'appartenir. Vous aurez
» fait inscrire vos noms parmi ceux des persécuteurs de la
» vérité. La belle besogne ! Si les Reverberes ne sont rien ,
» on vous reprochera d'avoir recouru , pour expliquer des
» faits que vous aurez eu tort d'avouer , à des moyens insuf-
» fisants , à une maniére de raisonner trop superficielle pour
» être digne de vous & du Public à qui vous l'adressez ;
» quand même vous aurez raison au fond , votre explica-
» tion vous fera encore également tort : car ce n'est point
» par des calembours, que des personnes respectables doivent
» décider, dans une Commission publique, une question im-

» portante : vous aurez donc fait alors inscrire vos noms
» parmi ceux des esprits légers, superficiels, inconséquents,
» & mal-adroits : le bel avantage !

» Je sens bien, & tout le monde sent avec moi, les rai-
» sons que vous avez de rejeter les Reverberes ; votre in-
» térêt personnel, votre amour-propre, l'esprit de parti,
» la crainte des bons mots, arme cruelle, qui, à Téluce,
» fait trembler même les ames fortes ! Mais, d'un autre
» côté, ces pauvres contemporains, cette postérité, qui ne
» vous pardonneront pas d'avoir été inconséquents & trop
» légers dans l'examen d'une cause qui les intéresse ! Je
» connois un fameux Ferblantier, un des Disciples les
» plus distingués du grand Ferblantier *Habrevore*, qui a
» traité Menser de Charlatan aussi long-temps qu'il a bien
» vu, & qui ayant les yeux malades a fait consulter Menser.
» Voilà, MM., une inconséquence que l'on pardonne,
» parce qu'elle ne regarde que celui qui se la permet :
» mais la vôtre, MM., intéresse le Public ; le Public vous
» la pardonnera-t-il ?

» Vous n'aviez, à ce qu'il me semble, qu'un seul moyen
» de sauver une partie de votre fortune dans cette tempête,
» c'étoit de dire : *L'agent de Menser est réel ; mais s'il*
» *est puissant par lui-même, les moyens que nous avons*
» *de l'employer ne sont pas puissants ; nous ne pouvons*
» *pas être sûrs de le faire agir à volonté, au moins*
» *pour la dose & selon le besoin des yeux : il faut tou-*
» *jours les Vieilles Lanternes pour suppléer à ces im-*
» *perfections ; du reste, nous allons nous occuper des*
» *travaux nécessaires pour en tirer avantage, si cela*
» *est possible.*

» Mais si vous n'avez pas le courage de revenir à ce
» plan, croyez-moi, revenez cependant sur vos pas ;

» revenez-y pour ne rien voir ; dites que voulez fuivre les
» épreuves publiques ; fuivez-les exactement, & ne voyez
» rien. Quand des perfonnes y marcheront devant vous,
» criez que vous ne voyez rien. Vous n'aurez rien vu, &
» vous aurez droit de dire que les Reverberes ne font rien
» & ne font rien. Au moins en ce cas , vos amis, vos
» admirateurs pourront répondre aux reproches de l'Uni-
» vers entier : *S'ils n'ont rien vu , eft-ce leur faute ? Ils
» ont fait tout ce qu'ils pouvoient pour voir.* Il eft vrai
» que , malgré cette belle juftification, on établira peut-
» être encore les Reverberes. Mais du moins les *Vieilles*
» *Lanternes....* En vérité, MM., votre fituation eft fort
» délicate , & je vous plains de tout mon cœur. Car enfin
» les *Vieilles Lanternes.....* Ah ! les *Vieilles Lanternes* !
» Je fuis, Meffieurs , &c. »

(*q*) Un homme de fens , partifan des Reverberes , difoit
au Rédacteur du jugement : « Puifque vous aviez fi peur
» de l'imagination de l'homme, que ne meniez-vous aux
» épreuves quelques animaux de qui vous n'euffiez pas eu ce
» inconvénient à craindre ? Et quels animaux, reprit le Com-
» miffaire diftingué : Je vous prouverai que tous les ani-
» maux ont de l'imagination ». Oui, M. l'homme illuftre ;
& je vous prouverai à mon tour , que l'on déraifonne
quand on porte le raifonnement au-delà de fes juftes bornes ; & me prouverez-vous auffi que ces animaux , qui
ont de l'imagination , entendront votre langue & vos
geftes ? car il faut celà pour que votre défaite foit valable.
Vous m'accufez d'échauffer l'imagination de ceux en qui
les Reverberes operent ? Et comment puis je parvenir à
cet effet fi fingulier, fi univerfel, & fi conftant ? Par l'art
de mes difcours. Si vous m'ôtez ce moyen , que me refte-

?-il ? Vous me laiffez avec rien , & il faut que je faffe un
prodige ? Prenez ma place , M. le Docteur ; mettez autour
de vous la Chevre , la Brebis , le Bœuf, & l'Ane ; haran-
guez-les ; échauffez leur imagination ; & par vos tours
de gibeciéres & vos phrafes compaffées , donnez-leur des
convulfions à volonté ; apprivoifez le Tigre & le Lion
dès le premier abord & à point nommé. Oh ! comme
vous infultez à notre bon fens, avec tout votre génie !
Comme vous abufez de votre imagination pour calomnier
la nôtre ! Mais, de bonne-foi, croyez-vous que vous aurez affez d'habileté & de crédit pour faire paffer cette doctrine , pour la foûtenir jufqu'à demain ?

(r) Je prie humblement MM. les Commiffaires, & fur-
tout M. le Rédacteur de vouloir bien m'indiquer quelque
réponfe au moins fpécieufe à l'objection que l'on me fait
fouvent contre leur doctrine , & que voici : « Pour parvenir
» à leur but, les Commiffaires fe font écartés en tout de
» la route que la droite raifon leur difoit de fuivre ; pour
» expliquer les faits qu'ils ne peuvent nier , ils détruifent
» tous les principes des certitudes humaines : le raifonne-
» ment le plus fage eft anéanti fous leurs fophifmes : la
» dépofition des témoins les plus nombreux & les moins
» récufables n'eft rien en comparaifon de celui des témoins
» les plus légitimement fufpects; ceux qui n'y regardent pas,
» voient mieux que ceux qui y regardent bien ; ceux qui
» ne favent pas, jugent mieux que ceux qui favent ; le
» témoignage des fens vaut moins que la fuppofition la
» plus gratuite ; le bon fens n'eft qu'illufion ; & l'expé-
» rience la mieux conftatée , n'eft qu'une imagination !....
» Dans cette confufion de toutes les idées reçues ; dans ce
» bouleverfement de tous les principes établis & avoués par

» tous les siècles, que deviendront les Loix, la règle des
» Tribunaux, l'ordre social, & toutes les connoissances
» humaines ? Et si l'on a raison quand on est réduit à se
» précipiter dans tous ces abîmes d'absurdités, comment
» donc discerner ceux qui ont tort ? Dans ces thèses anti-
» ques où l'on faisoit assaut & sur-tout abus d'esprit, un
» argumentateur pouvoit dire : *Vous voyez dans les té-
» nebres à l'aide d'une lanterne ? Non, c'est à l'aide de
» la nature !* Mais je croyois que nous étions heureuse-
» ment loin & fort loin de ces misérables pointes des
» siècles passés ; & l'on veut nous y ramener ! Que dis-je !
» ce qui n'étoit qu'un jeu sous le règne du mauvais goût ;
» on veut le transformer en doctrine sérieuse & *saine* au-
» jourd'hui ! Dix personnes verront à la lueur d'une lan-
» terne, & l'on ne doutera pas qu'elles ne voyent par le
» secours d'une lanterne ; & cent personnes dans la même
» nuit verront à la lumière d'un Reverbere ; & l'on ob-
» servera qu'elles peuvent bien n'avoir vu que par la vertu
» supposée des étoiles ! Cent personnes ne verront pas,
» malgré la Lanterne ; & l'on ne balancera pas à croire
» que c'est la faute de leurs yeux ; & dix personnes ne
» verront pas devant un Reverbere, & ce sera évidem-
» ment la faute du Reverbere seul ! Les Lanternes n'em-
» pêcheront pas les aveugles d'être aveugles, & elles seront
» toujours reconnues utiles & nécessaires ; & il faudra briser
» les Reverberes s'ils ne rendent pas la vue aux aveugles !
» Et c'est de cette maniere que des hommes de nom osent
» officiellement raisonner dans une matiére grave ! Et
» en raisonnant ainsi, ils parviennent à en imposer aux
» trois quarts des hommes ! .... Pauvre espèce humaine !
» Pauvre esprit humain ! Pauvre siècle philosophique !
» Pauvres Corps respectables ! Pauvres gens d'un mérite
» distingué ! ...... »

(*s*) On fouilla dans tous les coins de cette mine précieuse, & on en tira des richesses étonnantes. Menser avoit, faute d'autre terme, employé le mot de *Pôles* à-peu-près comme on l'emploie en parlant de l'aimant minéral ; & on lui apprit, à ce pauvre ignorant, que les *Pôles* n'étoient que les extrémités d'un axe, & qu'il n'y avoit point d'axe dans l'agent de ses Reverberes, parce qu'il n'y en a point dans les fluides, non plus que dans les yeux ; & tout le monde charmé de paroître si docte, répétoit en ricannant, les *Pôles*, les *Pôles* ! On avoit observé que ceux qui alloient, par raison d'infirmités, à la rue aux Epreuves : se recherchoient naturellement les uns les autres, se rapprochoient volontiers tant de leurs voisins, que de celui qui mettoit les Reverberes en action ; & cette circonstance si naturelle en ceux qui ont besoin de nous, & qui en reçoivent des secours, si naturelle en un mot chez ceux qui ont la même pente, fit crier *au miracle*, *à la sympathie*, à la magie ! Faire aimer la lumière à celui qui a envie de voir ! Lui faire aimer ceux qui la donnent, & ceux qui en profitent de société avec lui, & dont la présence ne peut qu'assurer d'avantage sa marche. C'étoient-là des idées toutes neuves. On n'avoit jamais rien vu de pareil. Menser étoit sorcier, ignorant, & Charlatan.

(*t*) Lénos ne répondit à tant d'indécences que par la Lettre suivante que peu de personnes ont désiré de connoître; elle est adressée aux Auteurs des feuilles publiques.

« Vous avez jugé à propos, MM., d'insérer dans vos » feuilles les Lettres justificatives des Auteurs des *Voyants* » *Modernes* ; j'ai été fort surpris d'y trouver mon nom, » moi qui avant & après la représentation de leur pièce,

» n'ai élevé aucune plainte, ni fait aucune démarche ten-
» dante à opérer une rétractation de leur part.

» Leur justification n'est, MM. , qu'une insulte plus
» caractérisée que la première. Ils avoient été beaucoup
» trop loin en nous désignant M. Menser & moi sur un
» théatre public. Ils auroient dû se borner à cette première
» faute, & ne pas se permettre de nous nommer dans une
» feuille aussi répandue que la vôtre. Quoiqu'il en soit ,
» je me sentois au-dessus de l'offense ; je pardonne l'in-
» sulte.

» Quant à la saine physique de MM. les Commissaires,
» je ne sais jusqu'à quel point ils seront flattés du suf-
» frage des Auteurs de la Comédie : mais puisque vous
» m'en fournissez l'occasion, je répéterai ici ce que j'ai
» annoncé dans mes dernières observations , que la phy-
» sique qui a servi de base à leur jugement sur les Rever-
» beres, ne mérite pas plus l'épithete de *saine*, que leur
» jugement lui-même ne mérite celle d'*irréfragable* que
» vous lui avez donnée dans votre extrait ; & l'on peut
» se convaincre de l'une & de l'autre de ces deux vérités,
» par les expériences auxquelles seules ils se sont arrêtés»
« & par l'explication qu'ils en ont donnée. Votre impartia-
» lité m'assure que vous insérerez ma Lettre dans la pre-
» mière de vos feuilles , & que vous jugerez vous-mêmes
» qu'en cette occasion une semblable complaisance devient
» un devoir indispensable »,

(*u*) Le Provincial trop modeste qui se borne à douter ,
reproche aux Ferblantiers d'avoir persécuté toutes les découvertes relatives à l'art qu'ils professent. Il auroit bien
dû nous donner la liste de ces zèlés persécuteurs : il seroi
intéressant de voir quels sont ceux qui ont mis des entraves

au génie, les moyens qu'ils ont employés, & les excès qu'ils se sont permis. On y appercevroit comment & combien les hommes de tous les temps se ressemblent ; comment les mêmes intérêts ramenent aux mêmes tours de passe-passe, les mêmes passions aux mêmes propos & aux mêmes manèges. On ne peut lui pardonner cette omission qu'en supposant qu'il n'a pas eu sous la main, non plus que nous, les secours nécessaires pour remplir cette tâche si instructive. Nous nous en occuperons incessamment, & nous offrirons notre travail au chef Elu des Ferblantiers, avec prière de le faire afficher dans le lieu de leur assemblée ; & s'il nous refuse, il méritera par ce refus même de voir son nom au-bas de la liste que nous donnerons au Public avec un fonds suffisant pour la faire réimprimer tous les vingt ans, sinon corrigée, du moins augmentée selon les convenances. Il faut enfin, malgré les sermons sur les ménagements, il faut faire justice à tous les ennemis du bien de la société. Que diroit le Magistrat auquel on reprocheroit d'avoir négligé les *ménagements* en condamnant un coupable ? Mais le malheureux qui tombe sous le glaive de la loi, n'a souvent fait tort qu'à un seul, & les persécuteurs des vérités nouvelles font tort à tous les hommes & à tous les temps. Il n'a attenté qu'à votre bourse, & c'est cotre la somme entiere de votre bien-être qu'ils dirigent leurs attentats. Il ne l'a fait que parce que le besoin le plus impérieux l'y poussoit, & ils le font par les motifs les plus odieux, les plus bas, & les moins fondés. Aussi sommes-nous loin, nous qui ne demandons que justice & vérité, de faire aucune sorte de grace aux persécuteurs des Reverberes ; la postérité lira leurs noms & connoîtra leur hauts-faits ; nous travaillons à deux Ouvrages qui paroîtront ensemble, parce que l'un est le complément de l'autre, & qui font relatifs à cet objet; l'un fous le titre de *Théorie des Perfé-cutions*, *tirée de la conduite des ennemis des Reverberes* ; & l'autre fous le titre de *l'envie de faire le mal eft toujours fottife & ne produit que fottife*, vérité démontrée par la conduite des amis des *Vieilles Lanternes*. Le Public au refte eft prévenu que ces deux Ouvrages feront munis de piéces juftificatives, authentiques, & convenables.

Vive, vale ; fi quid novifti rectiùs iftis,
Candidus imperti ; fi non, his utere mecum.

F I N